銀河の中心に潜むもの

ブラックホールと重力波の謎にいどむ

岡 朋治
Tomoharu Oka

慶應義塾大学出版会

本書の楽しみ方

本書は、宇宙に興味がある中高生以上の読者を対象に、昨今の銀河系中心研究のポイントを筆者の観点からまとめたものである。この類の本においては、聞き慣れない専門用語や日常生活ではなじみのない概念が頻繁に登場することが常である。できるだけ一般常識からの乖離(かいり)がないように注意して進めるつもりではあるが、何せこの歳まで非常に限られた世界の中でしか生きてこなかった自分のことであるから、はなはだ心許ない。よって本編に入る前に、本書を楽しんでいただくためにあらかじめ知識として持っておくとよい（と思われる）事柄を、徒然なるままに書き連ねておくことにする。

（1）なぜ銀河系中心なのか？

なぜ私たちは銀河系（天の川）の中心に引きつけられるのか。それは、そこが「異常」だからとしかいえない。異常というならば何が正常なのかという話であるが、そこは銀河系という巨大な円盤状天体の回転中心であり、恒星とガス（＋塵(ちり)）が強く集中する特異な領域のようである。円盤部の塵による吸収のため可視域の写真ではパッとしないが、赤外線や電波域のイメージではとても明るい。長波長帯では太陽よりも明るい（第1章）。「明るい」ということは、膨大なエネルギーを発生する何かしらの過程が働いているハズである。高エネルギー現象、その響きだけで十分に好奇心をそそられるのは筆者だけであろうか？

そして、その最も中心には巨大なブラックホールがあるらしい。ブラックホール、それだけで十分に甘美な響きであるが、これが巨大なのである。質量は太陽の400万倍もあるらしい。宇宙にはもっともっと重いブラックホールもあるらしいが（第2章）、我が家（と呼ぶにはずいぶん大きいが）のブラックホールもそう捨てたものでもない。何しろ、屋内にあるので観察しやすいのである。現代物理学的にいえば、ブラックホールとは一般相対論（一般相対性理論）の一つの帰結であり、その検証の場でもある。一般相対論、これはこれでこじらせると大変な病のようなものであり、理系を標榜する者にとっては耽美的でありながらも難解な理論である。何しろそこでは、時間と空間が独立ではなく、重力は「時空の歪み」として記述される。

つまり、銀河系中心とは、好奇心をもつ者にとっては一度ハマると抜け出せない落とし穴のようなものであり、そこに「光すら抜け出せない」ブラックホールが鎮座しているということは、偶然とはいえ非常に示唆的である。

（2）中性子星とブラックホール

中性子星とは、その名のとおり中性子からなる星のことで、8太陽質量以上30太陽質量未満の恒星が進化の最終段階で残す「芯」である。観測によれば、中性子星の質量は太陽の1.4倍から2倍程度、半径は10 km程度で、多くは強大な磁場を持ち、高速で回転している。理論的には、中性子星として存在できる質量には上限があり、それを超えると中性子の縮退圧（しゅくたいあつ）（同一状態に詰め込めないことによって生じる圧力）では支えきれない。

30太陽質量以上の恒星では、最期にそれが起こる。そのとき、芯を構成する物質がどういう状態になっているか、実際のところよくわかっていない。そもそも、中性子星以上に高密度な状況は地上の実験室では再現できないし、現代物理学をもってしても取り扱いが困難なのである。クォークの縮退圧で支えられた「クォーク星」が誕生するという説もあるが、現在のところはまだ想像の域を出ない。

強大な重力に抗い得る力が存在しない（私たちは知らない）ならば、それは一点に収縮するとしか考えられない。こうなると、もはや物理的取り扱いは不可能である。加えて、一般相対論的な事情もある。「事象の地平面（光すら出てこれなくなる面）」の内側は観測する術がないのである。構成する物質がどういう状態かわからないが、事象の地平面がむき出しになってしまった天体、それがブラックホールである（第4章）。

（3）ブラックホールの謎

さて、これまでに発見された「ブラックホール」と呼ばれる天体は、実のところ、すべてその「候補天体」にすぎないことはご存知だろうか。有名な「はくちょう座X－1」は特異なX線天体であり（第4章）、これがブラックホールではないほうに賭けたホーキングがすでに負けを認めたことは有名であるが、これもまだ候補天体にすぎない。銀河系の中心核にしても、活動銀河核（第2章）にしても、「とても重くて小さな天体」がそこにあるということが確実なだけで、一般相対論の帰結たるブラックホールであることが証明されたわけではないのである。

どうすればブラックホールであることが証明できるか。それにはいくつかの方法が考案されているが、かいつまんで言うと「一般相対論的効果を検出する」ということに尽きる。それには「事象の地平面」程度のスケールの観測が必要であり、これがなかなか困難である。太陽系から見て「事象の地平面」の視直径がいちばん大きなブラックホール候補天体は、銀河系中心核「いて座

A*」であり、その大きさは約20マイクロ秒角である。これは、すばる望遠鏡の解像度（0.2秒角）の1万分の1に相当する。まあ、つまり、そう簡単には見えないのである。

もう一つの謎としては、あまねく銀河の中心にあると考えられる超巨大ブラックホールの起源である（第5章）。恒星進化の最終段階で生成するブラックホールは、せいぜい太陽の20倍程度と考えられており、実際に銀河中心核以外で見つかっている候補天体はその質量範囲に収まっている。ここから数百万太陽質量まで、どうやって成長させるか。悪いことに、20太陽質量と百万太陽質量の間、中間質量のブラックホール候補天体が見つかっていない。実はこれについて、最近大きな進展があった。詳しくは本編第8章を参照されたい。

（4）距離・年齢のこと

宇宙のことを語る際に、距離に関する話は非常に気を使うところである。天動説とか地動説とか言っていた時代からすると、現在はかなりマシな時代になってはいるが、それでも距離測定は一般に大きな誤差を含んでいる。太陽系近くの主系列星〔(6)参照〕ならば、色と見かけの明るさから距離が算出できるであろう。さらに遠くても銀河系内の天体であれば、視線速度と銀河回転モデルから評価できる。銀河系外となると、比較的近傍の銀河ならば、変光星の周期－光度関係から概算できる。遠くなってくると、一般には物理的裏づけが十分とはいえない経験則に頼ることになる。

そしてさらに遠方になると、距離決定は宇宙の幾何学的構造と無関係ではなくなる。宇宙は膨張している。これは厳然たる観測事実である。一般相対論的な宇宙像では、これは単に銀河どうしが遠ざかっていくものではなく、宇宙全体の時空の膨張である。

そして、宇宙全体の幾何構造（空間の曲率）は、それに含まれる物質密度によって決定される。つまり平たく言えば、ユークリッド的な空間認識能力しか持たないわれわれの直感的な遠近法が厳密には成り立たなくなるのである。

今のところ、宇宙は非常に平坦と考えられているので、そのような非ユークリッド的な考察は必要ないかもしれない。しかし、もう一つ事情があって、今見えている遠方の銀河は現在の姿ではなく、相応に昔それがあった位置での昔の姿にすぎないということである。今現在の位置を推し量ることは可能であるが、それには宇宙モデルを厳密に定めなければならない。かくして直感的な距離の概念が、ここではあやふやなものになる。

それではどうするか。宇宙膨張に伴う赤方偏移(せきほうへんい)を距離の指標に使うのである。これは、古典的には後退速度によるスペクトル線のドップラー偏移に相当する。ある銀河で赤方偏移が10とは、スペクトル線の波長が11倍にまで引き伸ばされている状態である。これに標準的な宇宙モデルを採用するならば、この銀河で光が発せられたのは133億年前であり、光がたどってきた経路の長さは314億光年ということになる。ちなみに、宇宙年齢は138億年、銀河系年齢は132億年、地球年齢は46億年とされている。

（5）ダークマターについて

宇宙には、何だかわからないが、質量は持つが物質とほとんど相互作用しない「ダークマター（暗黒物質）」と呼ばれるものがあるらしい。それとは別に、負の圧力を持ち宇宙の加速膨張を担う「ダークエネルギー」と呼ばれるものもあるようである。宇宙背景放射の観測結果から、これらが宇宙全体のエネルギーに占める割合は、ダークマターが約27%、ダークエネルギーが約68%

と算出されている。いずれも正体は不明である。

ダークエネルギーは宇宙全体に浸透していると考えられているが、ダークマターは非一様な空間分布を持つ。一般にそれは、銀河や銀河団といった「見える」質量とともに分布し、銀河の回転速度や銀河団中の銀河の運動、および銀河団を取り巻く熱いプラズマの温度分布などにおいて存在が顕在化する。近年では、背後にある銀河の重力レンズ効果により、銀河団に付随するダークマターの3次元分布が測定されている。

ダークマターの候補としては、得体の知れない素粒子というのが有力である。その素粒子は質量を持ち、電磁気的な相互作用をほとんど起こさない。ニュートリノは候補の一つではあるが、これは現在いくつかの理由により分が悪い。それ以外にも複数の候補粒子が考えられているが、いずれも未発見という決定的な問題がある。

(6) 星が「光る」ということ

恒星が光るのは、それらが熱いからということに尽きる。

熱（エネルギー）は、熱いほうから冷たいほうへ流れる。星は自己重力系であり、一般に宇宙（約3K）よりも温度が高いので、熱輻射として宇宙空間へエネルギーを放出する。エネルギーを失った自己重力系は、内部にエネルギー発生機構がなければ、全体が収縮して放出分を重力エネルギーで賄う。この収縮は行き過ぎるきらいがあって、過剰に発生したエネルギーは温度上昇に使われる。かくしてエネルギーを放出すればするほど、星内部の温度は上がっていくのである。

そして、中心の温度が1千万Kを超えたとき、水素の核融合反応が起きはじめる。この反応は発熱反応であり、ヘリウムを合成しながら効率的にエネルギーを発生する。この反応が起きている間は、放射した分を重力エネルギーで賄う必要がなく、自己重力系の収縮は一時的に止まっている。この期間にある恒星を「主系列星」という。主系列の時期は恒星の一生の中で最も長く、それらが安定に輝きつづける時期である。

（7）元素と宇宙の関係

誕生してまもない宇宙は、きわめて高温の状態にある。これは膨張とともに急速に冷え、核子の結合により元素が合成されていく（宇宙開闢から約10秒〜20分）が、このとき合成されるのは水素とヘリウム、微量のリチウムとベリリウムまでである。それ以降の重元素合成は、恒星が誕生してそれらの中心で核融合反応が点火されるまで（宇宙開闢から約2億年）待たなければならない。高温状態が安定に継続する主系列星の中心において、最も安定な元素である鉄までが合成されることになる。

鉄以降の重元素は、ほとんどが超新星爆発に伴い合成される。金やプラチナなどのレアアースのみならず、ウランやプルトニウムなどの核燃料もこのときに生成したものである。それ以外にも、巨星内での中性子捕獲反応により、ビスマスまでの重元素が合成されるという過程もあるらしいが、細かいことには立ち入らないでおく。

すでに十分、細かくなり過ぎた。よくない癖である。早くも読むのが嫌になった読者も多いかもしれないが、そこを何とか堪えていただければ……

（8）観測からわかること

最後に、観測（実験）からわかることについて触れておきたい。

とはいえ、正面から語りはじめると、それだけで本が終わってしまうので、概念的なところだけで失礼する。

天体の観測手段は、ほとんどが電磁波観測である。宇宙線や重力波もあるにはあるが、情報量が圧倒的に異なる。当然、可視域の観測が最も歴史が古いが、昨今では電波からガンマ線まで、ほぼすべての周波数（波長）域の観測が可能になっている。天体によって、またそれらの進化段階によって、放射する電磁波の種類は千差万別である。逆にいえば、天体が放射する電磁波を詳細に解析することで、その物理を知ることができる。電磁波の放射メカニズムを理解するためには、電磁気学と量子力学の理解が欠かせない。天体によっては、相対論的取り扱いを必要とするものもある。

天体が放射する電磁波の分析には、大きく分けて3種類の方法がある。最も原初的なものは、空間分布の分析であろう。次は、スペクトル（周波数分布）解析。最後は、時間変動分析である。すなわち、私たちが各々の天体について手にすることができる情報は、空間2次元＋周波数1次元＋時間1次元の、合計4次元の情報であるといえる。電磁波は横波であるため、じつは偏波という情報（2次元）もある。これらの情報を総合して、現代物理学の知識を総動員し、天体の素性を調べるのが現代天文学（天体物理学）である。

非常にざっくりとした説明であるが、おわかりいただけただろうか？

まえがき

「本を書きませんか？」と声をかけられたのは、大学キャンパスで開催された、とある公開講座の会場で、ちょうど自分の講演が終わった直後だったと思う。この講座は「地方の力と再生」と銘打ったもので、わりと政治的な観点から「中央」に対する「地方の力」を考えるという趣旨のものであった。なぜそのような場に一介の理系男子でしかない自分が呼ばれたのかはいまだに謎であるが、当然ムズカシイ政治の話などできるはずもなく、いつものように銀河中心の話をして、案の定、聴講者の方々をポカンとさせたわけである。

そう。自分の専門は電波天文学であり、もう長いこと、銀河系（または天の川銀河）の中心を研究している。いつまでも若手のつもりでいたが、なぜか最近「先生」と呼ばれることが増えて、正直、戸惑いを隠せない。新聞や雑誌記事に取り上げられることも増えた。そこに「本を書きませんか？」である。これは困った。文章を書くのは、泳ぐことと同じくらいニガテなのだ。しかし、頼まれれば断れない性分から、ついつい引き受けてしまうところまでは予定調和。

さてさて、皆さん「銀河」に興味ありますか？　こんな問いを発すると、ほとんどの方はサーッと引いて行ってしまいますよね、ええわかります。なるほど、いまや人口70億を突破したこの惑星では、あらゆる問題が山積しており、社会全体で取り組むべき喫緊の課題も満載である。自然災害にも備えねばならないし、わが国を取り巻く国際情勢もまったく油断がならない。そんな大変な世の中の片隅で、ひたすら銀河の中心について頭を悩ませているのが自分（とその仲間たち）である。これでお給料をいただいているわけであるから、考えてみれば本当に贅沢な職業です。誠に申し訳ございません。

申し訳ないついでに、いま少しお付き合いいただきたい。ご存知かと思うが、「銀河系」とはわれわれの太陽系を含む巨大な恒星の集団のことである。そいつはどうやら真ん中が膨らんだ円盤形をしていて、直径は約10万光年、恒星の総数は2000億個を超える。ここには、恒星だけではなく大量のガスや塵（ちり）も含まれる。しかも、じつは全質量の9割方は「ダークマター」とかいう素性もわからない物質で占められているらしい。正直、意味不明である。どうやって計算したか知らないが、宇宙にはこのような「銀河」が少なくとも7兆個はあるらしい。

そのような銀河のなかには、中心に異常に明るい点状天体を含むものがある。明るさがけっこう時間変動するところをみると、それらの点状天体は恒星の集団ではなさそうである。そこにいったい何が潜んでいるのか。気になって仕方がない。しかし、冷静に考えてみると、そんなことを知って、いったいどうしようというのであろうか。きっと、人類が未来永劫、到達することのない数千万光年もの彼方にある銀河の中心が妙に明るいからといって、その理由を調べたところで何かわれわれの生活の役に立つのか。いいえ、おおかた何の役にも立ちません。でも考えはじめると、ほら、ムズムズするでしょう。さあ、そういうときはどうしますか？

本書では、筆者のこれまでの研究内容とその成果を軸に、現在の銀河研究の一端を解説しようと思う。ここで紹介する内容には当然、筆者の主観が色濃く反映されており、広く市民権を得ている学説もあれば、やや異端とみなされている考えも含む。最先端の成果には、今後、見直しが必要となる部分も出てくるかもしれない。研究とはそのようなものである。社会とあまりかかわりのない「天文学者」と呼ばれる人種が、日々何を考えて生きているのかを少しでも感じていただき、それが読者の皆様にとって一時の清涼剤になれば幸いである。

目次

第 1 章

天の川の濃いところ

1.1 銀河系

それでは、さっそく銀河系の話に入ろう。銀河系（または天の川銀河）とは、われわれの住むこの太陽系が所属する巨大な自己重力系[注1]のことである。われわれがこれを「天の川」として、とくに七夕の季節に認識することは皆さんもよくご存知であろう（図1）。天の川は東西を問わず、何ともいえない神話の舞台である。ちなみに、旧暦の7月は秋にあたるので、俳句で「天の川」は秋の季語とされる。

その正体である銀河系は、2000億〜4000億個の恒星と、質量

図1　静岡県奥石廊崎から見た「天の川」（左；新宿健氏提供）と、同じ視野にある星座（右）。

注1）自身の重力で束縛されたシステムのこと。

にしてその一割程度のガス、さらにその1/100程度の塵（ちり）、そして、それら観測可能な質量の10倍程度を占める暗黒物質（ダークマター）からなることが知られている。総質量は約7000億太陽質量。構造としては、直径約10万光年の円盤と中央のバルジ（膨らんでいる部分）、直径約30万光年のハロー成分から構成されている（図2）。

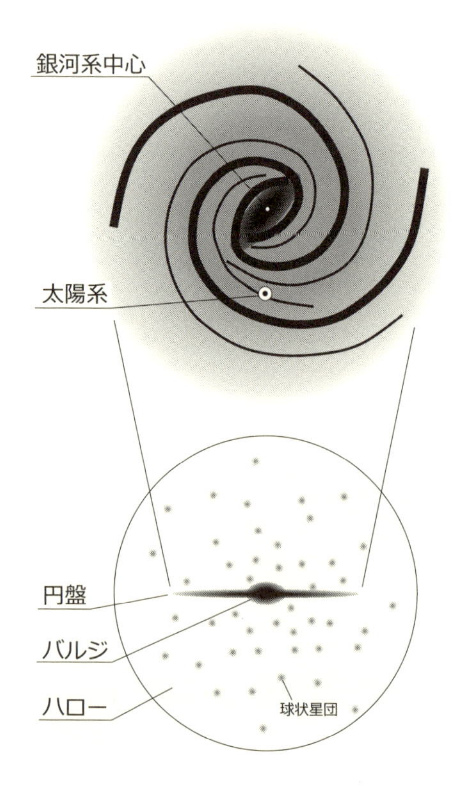

図2　銀河系の構造（想像図）。上図は銀河北極方向から見たもの、下図は横から見たもの。

円盤部には複数の渦状腕（かじょうわん）があり、そこには大質量の恒星とガスが集中している。バルジにはおもに100億歳程度の古い星が分布し、ガスは円盤部と重なる部分にのみ分布する。ハローには若干のガス雲とともに、ここも100億歳程度の古い星が「球状星団」[注39参照]という形で分布している。ここまでが、いうなれば教科書的な知識である。

さて、ここから先、距離の単位として「pc」（パーセク）をたびたび使用することをお許しいただきたい。天文学では、扱う距離のダイナミックレンジがあまりにも広いので、対象に応じて長さの単位が使い分けられる。1 pcとは年周視差[注2]が1秒角になる距離として定義され、3.26光年もしくは3.09×10^{16}m に相当する。銀河系内の天体や近傍銀河を相手にする場合は、この単位を使うと都合がよい。何より筆者が使い慣れているので、まちがいを犯すリスクが軽減できる。

銀河も遠いヤツになると、距離の定義が少々面倒臭いことになる。詳細な事情は省かせていただくが、平たくいえば宇宙全体の空間が歪んでいる可能性もあるからである。この場合は、宇宙膨張が一様なものと仮定して、観測されるスペクトル線の「赤方偏移」[注3]を単位とする。ちなみに、2017年4月時点で検出されている最遠の銀河は赤方偏移が11.1（!）で、宇宙開闢（かいびゃく）後4億年しか経ていない時点のお姿を見ているらしい（ちなみに宇宙年齢は138億年）。

……………………………………

注2）地球の公転運動による視差のために天体の位置が変化して見える現象、またはその角度。

注3）宇宙膨張により電磁波の波長が長く（赤く）なる割合。［波長変化量］／［静止波長］で定義される。

逆に、小さいスケールでは、地球公転軌道の長半径で定義される「天文単位」が使われる。1天文単位は1.50×10^{11} m、約9光分である。つまり、まさにいま太陽が突然爆発したとしても、われわれは9分間ほど気づかずノウノウと生きていられる。

ちょっと話が逸(そ)れてしまった、銀河系の話に戻ろう。こう言っては何であるが、銀河系の中はじつはスカスカである。というのは、恒星どうしの間隔がハンパなく広いのである。われわれから最も近くにある恒星はいわずと知れた太陽であるが、次に近いのは現在4.25光年の距離にある赤色矮星プロキシマ・ケンタウリである。9光分と4光年の差はあまりにも大きい。当然、銀河系中心に近づくにつれて恒星の空間数密度が増大するため、当然、恒星間平均距離も小さくなる。とはいえスカスカにもほどがある。

そのスカスカの銀河系をわれわれは真横から見ている。太陽系の銀河系中心からの距離は約8kpc（キロパーセク、2万6千光年）、円盤部のやや外れに位置している。そう、銀河系円盤部に住んでいるわれわれは、銀河系を真横から見ざるをえない。ゆえに、わが円盤銀河の見事な渦状腕を優雅に鑑賞しながら悦に入ることは不可能なのである。残念ながら、その事情は当面改善されそうもない。

真横からしか見えないとはいえスカスカなのであるから、銀河系の全貌を見渡すことは頑張れば何とかなりそうな気もする。しかし、じつはそれほど問題は単純ではない。良好な条件で天の川を見れば一目瞭然であるが、ところどころ筋状に暗い部分があることがわかる。これは銀河系円盤部にある大きさ0.01〜10μm（マイクロメートル）程度の塵粒子(ちりりゅうし)が、背景の恒星からの光を吸収するために生じる構造である。塵粒子はガスとともに、恒星のそれより薄い円盤状に分布している。

太陽系が、そのガス＋塵円盤の少しでも上（か下）にいればよかったのだが、悪いことにまんまと重なる位置にある。これは、太陽の年齢（約46億年）が銀河系に比べて十分若いことと無関係ではない。このような事情のため、銀河系円盤部でわれわれが見ることができるのは、太陽系から3 kpc程度の範囲にすぎない。1785年にウィリアム・ハーシェルが発表した銀河系の想像図において、太陽系がほぼ中心に位置しているのはこのためである。

塵粒子による吸収は、可視域から紫外域の波長において非常に深刻である。これを避けるには、可視域よりも超波長（低周波数）側、または紫外域よりも短波長（高エネルギー）側で観測を行う必要がある[注4]。たとえば赤外線である。1990年代、近赤外域（波長0.7〜2.5 μm）の観測が盛んに行われるようになると、一部の研究者たちが「銀河系バルジはじつは丸くないのではないか」という疑念を抱きはじめた。

このことは、ガスの回転運動の歪（ゆが）みなど、運動学的な証拠からも確認された。世にいう、銀河系の「棒状構造」の発見である。つまり、円盤銀河の約半数がそうであるように、われわれの住む銀河系もまた中心部に棒状構造をもつ「棒渦巻銀河」であることが判明したわけであるが、これがたかだか20年ほど前というのであるから驚きである。

現在、銀河の形態分類において、銀河系は「SBc型」に分類される。これは「中心部に棒状構造をもつ渦巻銀河で、腕の巻きは割とキツ目」という意味である。

さて、スカスカの銀河系を見渡すには、赤外線観測が有効であ

注4）可視域は波長400〜800 nm（ナノメートル）の範囲、紫外域は波長10〜400 nmの範囲。

ることはわかった。しかしながら、望遠鏡には解像度というものがあって、いくら恒星がスカスカに散らばっていたとしても、それらが濃密に分布する方向では像がどうしても重なり合ってしまう。解像度（分解能）を上げればよいのであるが、それには、

$$[\text{分解能}] = \frac{[\text{波長}]}{[\text{口径}]}$$

という関係があって、望遠鏡の巨大化には自ずと限界がある。

かくして、天の川はビッシリと恒星で埋め尽くされることになる。まあ当然である。バルジ方向はとくにひどい。中心はどこか。可視光写真では、バルジ中心部は塵による吸収帯で真っ暗である。近赤外線ではどうだろうか。1968年、赤外線天文学の開拓者とされるエリック・ベックリンとゲリー・ノイゲバウアーは、銀河系バルジの中心方向に何やら強力な赤外線源があることを発見した（図３）[1]。

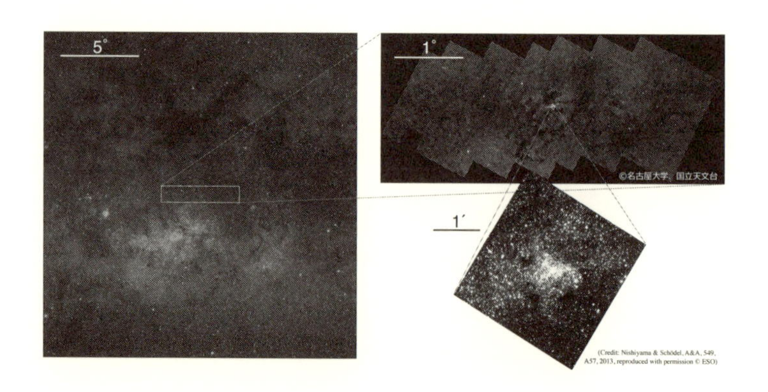

図３　銀河系中心方向の可視光写真（左）と、中心部の近赤外線写真（右上）、さらに中心部の近赤外線写真（右下; Nishiyama & Schödel 2013, A&A, 549, A57）。

その後まもなく、こいつは大質量星の集団であることが明らかになった。なるほど、近赤外線写真を見ると、たしかにバルジの中心方向にとくに濃密な明るい恒星の集団（星団）が見える。非常に意味ありげである。この星団の中にはきっと何かがあるにちがいない…。

1.2 宇宙電波

話は前後するが、銀河系の中心部に何かがあることは、じつは電波域の観測から示唆されていた。宇宙から電波が飛来していることを発見したのは、米国の無線技術者カール・ジャンスキーである。1931年、ベル研究所において無線通信の妨げとなる雑音（ノイズ）の調査を行っていた彼は、奇妙な雑音に気がついた。この雑音の正体を調べるために、彼は翌年から周波数20.5 MHz（メガヘルツ）の周波数（波長14.6 m）で観測を始めた。

ジャンスキーの製作した受信装置は当時としては感度の高いもので、電波の到来方向がわかるようにアンテナが回転レール上に載せられていた。数カ月間にわたる観測の結果、彼は3種類の雑音を確認した。うち2つは近隣と遠方の空電現象[注5]に由来することが判明したが、残る1つは未知のものであった。

この未知の雑音電波は、天空の特定方向から到来しており、その南中時刻は一日に4分ずつ早くなる。これは恒星の日周運動と同じ挙動である。ということは、太陽系内の天体ではなさそうである。最終的に、この雑音電波は銀河系の中心、いて座の方向か

注5）雷や雲放電など大気中の放電現象によって発生する電磁波のこと。ラジオや無線通信において雑音電波となる。

ら到来していることが突き止められた。「宇宙電波」の発見である。

　余談になるが、このときジャンスキー本人は「銀河系中心からの電波を発見」と題した論文を発表していない。1933年4月の会議発表においても、彼の上司が派手なタイトルを好まなかったので、「太陽系外からの電波」といった曖昧な表現にとどまった[2]。ところが同年5月5日、ニューヨーク・タイムズが「天の川の中心からの電波を発見[注6]」というタイトルの記事を載せたため、彼の発見は初めて世界中に知れわたることとなった。

　しかしながら、米国は当時不況で、ベル研究所が予算を削減したことにより、ジャンスキー本人はこの研究を続けられなかった。ジャンスキーは1950年、44歳の若さで亡くなってしまったため、その後の電波天文学の発展を見ることはなかった。僭越ながらわれわれ電波天文学者は、宇宙電波の強度単位として発見者の名前をそのまま[注7]使用している。

　天の川の電波地図を最初に作成したのは、米国の無線技術者でありアマチュア天文家でもあったグロート・リーバーである。1939年、宇宙電波の発見に触発された彼は、自宅の裏庭に直径9.4 mのパラボラアンテナを自作した。これが世界初の電波望遠鏡である。リーバーが観測した電波の波長は1.85 mで、ジャンスキーの観測波長より7倍短い。

　1944年に彼が発表した電波地図によって、天の川全域から電波が到来すること、とくに、いて座、はくちょう座、カシオペア座の方向で電波が強いことがわかった[3]。天の川からの電波放射メカニズムは、宇宙線[注8]電子によるシンクロトロン放射であり、これは低周波数側で強度が高くなる。じつは「銀河雑音」という言葉があって、宇宙通信などに影響を及ぼしている。とくに銀河系中心は、1 GHz（ギガヘルツ）以下の周波数では静穏時の太陽よりも明るい。

宇宙電波の発見から85年が経過し、その間に電波天文学は飛躍的に発展した。大型の電波望遠鏡とともに高感度な受信装置が開発され、電波干渉技術により解像度も劇的に改善された[4]。その結果、きわめて高精度な電波地図が描けるようになった。残念ながら、電波で見た天の川は、可視光のそれにあるような風情がない（**図4**）。こんなものが昼夜を問わず空に見えていたら、きっと心が落ち着くときがないだろうし、情熱的な神話も生まれ

図4　周波数408 MHzの電波で見た天の川（図1に合成）。

注6）原題は“New Radio Waves Traced to Centre of the Milky Way.”

注7）Jy（ジャンスキー）。1 Jy = 10^{-26} W m^{-2} Hz^{-1}。

注8）光速で運動する荷電粒子が磁場中でらせん運動をする際に放射される電磁波、またはその放射過程。

なかっただろう。われわれの目は電波を見ることはできないが、見えなくて本当によかったと思う。

1.3 銀河系中心

で、銀河系中心の話である。電波望遠鏡の大型化によって電波地図の解像度が向上し、天の川上に多数の電波を放射する天体があることがわかってきた。観測周波数が高くなると、シンクロトロン放射に加えて、プラズマからの熱放射も見えるようになった。銀河系の中心領域もまた、数度角にわたる拡散放射とともに、複数の個別電波天体があることがわかってきた[5]（図5）。

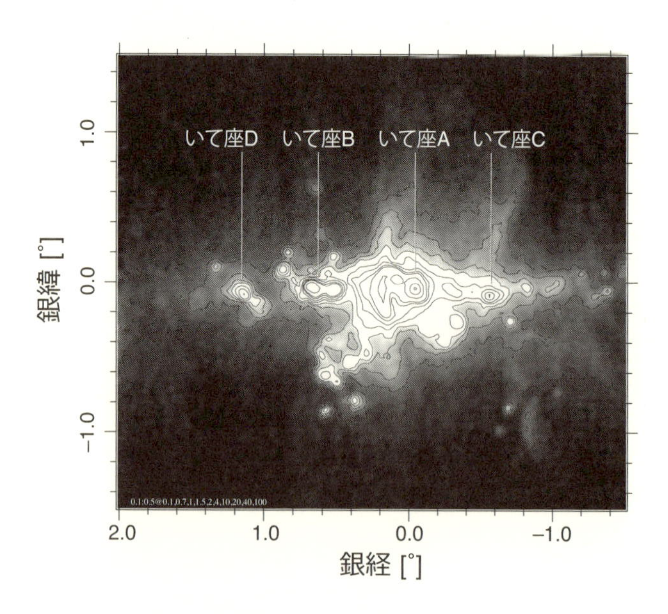

図5　野辺山宇宙電波観測所45 m望遠鏡で観測された、銀河系中心領域の周波数10 GHzでの電波地図（半田らによる）。

1950年代の電波天体の命名法は、[星座名]＋[明るい順にA, B, …]であり、いて座方向で最も明るい電波天体は「いて座A」と命名された。こいつが群を抜いて明るい。ちなみに、「いて座B」と「いて座C」は、生まれたばかりの大質量星の集団を取り囲む電離ガス領域（HII領域）であり、「いて座D」はHII領域と超新星残骸が近接したものである。いて座DのHII領域は銀河系中心方向に見えるが、じつはずいぶん手前の銀河系円盤部にあることがわかっている。「いて座C」から「いて座D」まで、角度にして1.7°程度、投影距離にして250 pc程度の距離がある。

ところで、天球面上で天体の位置を記述するには、春分点[注9]を原点とした「赤道座標」を使用するのが一般的である。ただ、天の川上での天体位置を示すには、「銀河座標」を使用するほうが都合がよい。これは1959年当時定義された「いて座A」の位置を原点にとり、天の川に沿って経度、それと垂直方向に緯度をとったものである。

銀河座標で描いた銀河系中心領域の電波地図では、天の川に沿った拡散電波の中で個別電波天体がほぼ真横に並んで見える。「いて座A」を中心にとると、左（東）側に「いて座B」と「いて座D」が、右（西）側に「いて座C」がある。いて座Aの直ぐ左側には、差し渡し50 pc程度の何やら円弧状の謎電波源「電波アーク」が延びている。

電波で見た銀河系中心の光景を革命的に変えたのは、米国立電波天文台が建設した超大型干渉電波望遠鏡群（Very Large Array、以降VLAと記す）である。1980年に正式開設されたVLAは、口

注9）天の赤道と黄道（太陽の通り道）が交わる2点のうち、黄道が南から北に交わるほうの点のこと。この点を太陽が通過する瞬間が春分となる。

径25 mのパラボラアンテナ27台を、最大36 kmにわたって並べた電波干渉計[注10]であり、開口合成法[注11]により、最大アンテナ間距離の口径に相当する解像度を達成する。1985年に発表されたVLAによる銀河系中心の電波写真は驚異的なものであった[6]（図6）。

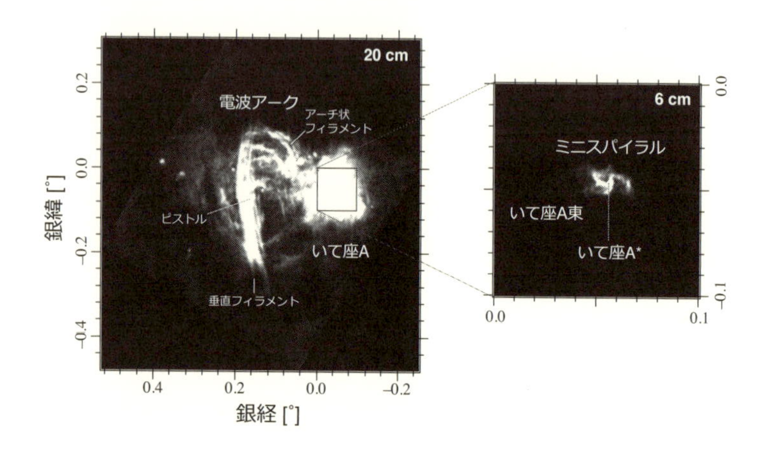

図6　VLAによって撮像された「いて座A」＋「電波アーク」の電波写真（ユセフ・ザデーらによる）。観測波長は20 cm（左）と6 cm（右）。

まず第一に、景色が意味不明である。この論文を書いたユセフ・ザデーは、この電波写真に見えるさまざまな構造に、「鎌」「ピストル」「吹き流し」など好き放題に名前をつけた。謎の電波源「電波アーク」は大きく2つの成分に分離され、銀河円盤に垂直に配列した微細な直線的フィラメント構造の束と、複数の湾曲したフィラメントがつくるアーチ状構造からなる。前者の「垂直フィラメント」はどうやらシンクロトロン放射であり、理由は不明であるが銀河円盤に垂直方向の磁力管がここに集中しているようだ。磁場強度はmG[注12]程度で、銀河系円盤部での典型的な磁場強度に比べて3桁近く高い。

一方で、後者の「アーチ状フィラメント」はプラズマからなり、近くにある大質量星の集団からの紫外線によって電離された構造と考えられた。その後の赤外線観測により、若い大質量星団が発見され、「アーチ星団」を名づけられた。

ちなみに、先の「ピストル」もまたプラズマの塊であり、電離源「ピストル星」の質量は100〜200太陽質量、銀河系内で最大の質量をもつ恒星の候補である。

そして「いて座A」である。これは差し渡し20 pc程度の拡散シンクロトロン放射源の中に、直径約7 pcの球殻状構造「いて座A東」とそれに内接するように重なる「いて座A西」が確認される。「いて座A東」は、年齢が千年から一万年程度の若い超新星残骸と考えられている。他方、「いて座A西」はプラズマの塊であり、3本の渦巻き腕構造からなるため、「ミニスパイラル」とも呼ばれる。この「ミニスパイラル」の中心には、ひときわ明るく輝く点状電波天体がある。これが銀河系の中心核「いて座A*[注13]」である[7]。

点状電波天体「いて座A*」が1974年に発見されるまでは、活動銀河核（第2章参照）のような超巨大ブラックホールを銀河系

注10）その後、VLAは受信機および信号処理系に大幅な改良が行われ、名称も2012年3月末日より、Karl G. Jansky VLA（JVLA）に変更された。

注11）複数台のアンテナ出力の積演算を行うことで天球面上での電波強度分布のフーリエ成分を取得し、集積したデータを逆フーリエ変換することで画像を得る方法。

注12）G（ガウス）は磁場強度を表す単位。凝りや血行を改善する効能をうたう家庭用磁気治療器（あの貼るヤツ）では、表面磁場は1000 G程度である。

注13）<いてざ・エー・スター>と読む。

の中心に想定することに対しては（意外にも）否定的な声が多かった。それは、銀河系中心核が世にいう活動銀河核に比べて、お話にならないくらい暗かったことによる。1979年には「いて座A西」を構成するプラズマの運動より、その中心1 pc以内の領域に800万太陽質量があることが示唆された。しかし、これではまだ弱い。同領域に集中する恒星の集団が重力源としても何ら問題はないのである。

しかしながら、1990年代より光赤外線望遠鏡に装備されるようになった「補償光学装置」の登場により状況は大きく変化した。解像度の向上により、なんと「いて座A*」周辺にある恒星の運動が直接観測できるようになったのである。この分野をリードしたのは、マーク・モーリス率いる米国カリフォルニア大学ロサンゼルス校（UCLA）グループと、ラインハルト・ゲンツェル率いる独国マックス・プランク研究所グループである。

2つのグループは別々の観測装置を用いて、「いて座A*」周辺の恒星の運動を十数年にわたって測定しつづけた。その結果、まさに「いて座A*」の位置に約400万太陽質量の点状重力源があるという結論を、独立に導き出した[8][9]。

「いて座A*」の特異性についても、着実に観測事実が積み重ねられていった。まず、スペクトルがおかしい。つまり、電波放射メカニズムがよくわからない。おまけに、数時間スケールで光度変動が見られる[10]。これは、サイズが数光時（1光時＝7天文単位）以下であることを意味している。400万太陽質量の回転しないブラックホールの場合、そのシュワルツシルト半径[注14]は0.1天文単位であるから、それに迫るサイズの領域から電波放射が行われているようだ。

加えて2008年、米国のシェップ・ドールマン率いるグループは、超長基線干渉計を使用したミリ波帯の電波観測に基づき、いて座A*のサイズを0.3天文単位程度と結論した[11]。つまり、銀河系中心に超巨大ブラックホールがあることの信憑性(しんぴょうせい)は、ここにきてますます高くなってきている。

注14) アインシュタイン方程式の厳密解の一つである「シュワルツシルト解」(球対称で静的な質量分布の外部にできる重力場を記述)における「事象の地平面」の半径。「重力半径」とも呼ばれる。古典的には、脱出速度が光速と等しくなる半径に対応する。

第2章 超巨大ブラックホール

2.1 活動銀河核

それでは、よそ様の銀河はどうであろうか。じつは、「活動銀河」と呼ばれるものの中心に超巨大ブラックホールがあることは、かなり以前から指摘されていた。

クエーサー（quasar）と呼ばれる天体がある。クエーサーは最初、1950年代の終盤に未知の電波源として発見された。このような謎の電波源は数百個に及んだ。1960年の大晦日、アラン・サンデージは米国天文学会において、「電波源3C 48[注15]は奇妙な16等級[注16]の星に一致する」と報告した[12]。3C 48の光学スペクトルには、正体不明の幅広い輝線が多く含まれており、当時その起源は謎であった。

その後、複数の電波源について、同様の「恒星状」光学対応天体の検出が報告され、「準恒星状電波源（quasi-stellar radio source）」と命名された。これがクエーサーの語源となった。

注15）1959年に出版されたケンブリッジ電波源カタログ第3版の48番目に掲載された天体。

注16）天体の明るさを表わす指標。明るいほど値が小さく、等級が1等級変わると、明るさは10の（2/5）乗（＝2.512）倍変化する。ちなみに、七夕の織女星もと、いこと座のベガは0.03等級である。

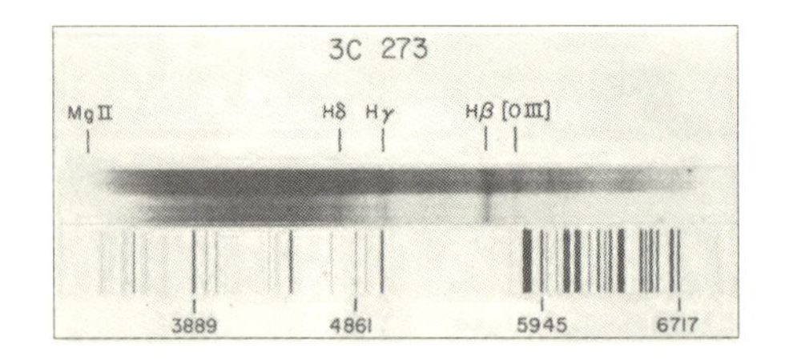

観測波長	静止波長	遷移
3239 Å	2798 Å	Mg II
4595 Å	3970 Å	Hε
4753 Å	4102 Å	Hδ
5032 Å	4340 Å	Hγ
5632 Å	4861 Å	Hβ
5792 Å	5007 Å	O III

Greenstein & Schmidt (1964)

図7　シュミットによってクエーサー3C 273で検出された可視スペクトル。いずれも本来の波長から大きくズレている。

1963年、蘭国のマーティン・シュミットは電波源3C 273で検出された複数のスペクトル線が、それぞれ本来の波長から16%赤方偏移[注17]したものであることを発見した[13]（**図7**）。この赤方偏移がドップラー効果によるものならば、3C 273は秒速44000 kmという速さでわれわれから遠ざかっていることになる。これを先の3C 48に適用すると、こちらの赤方偏移はじつに37%にもなる。

これらの大きな赤方偏移の原因については、発見当初から大きな議論があった。ハッブルの法則の発見[14]（1929年）から30年以上が経過したこの時期、宇宙が膨張していることを疑う研究者はすでにほとんどいなかった。膨張宇宙論の観測的基礎であるハッブルの法則に従えば、銀河の後退速度は距離に比例する。つまり、天体の赤方偏移が大きければ、それはきわめて遠方にあることを意味する。

一方で、強重力場内で放射された光に生じる一般相対論的効果、「重力赤方偏移」に起因するという説もあった。この議論は、現在も完全に決着がついたわけではない。ここでは現状での多数派（主流）、宇宙膨張に起因する赤方偏移とする説に立脚して話を進める。

すると、クエーサーたちがすごく暗い星のように見えるのはおもに遠いせいであって、じつはとても明るい天体ということになる。一般的に、クエーサーの明るさは10の38乗から42乗Wの規模であり、電波からγ線にわたる幅広い周波数帯で観測される。ちなみに10の40乗Wといえば、銀河系の明るさの約2000倍、太陽の26兆倍である。

となると次は、この膨大なエネルギーの発生メカニズムが深刻な問題となった。現在の理解では、クエーサーは「活動銀河核」の最も明るい範疇(はんちゅう)に属するものであり、遠いうえに中心核があまりにも明るいため、ほとんど母銀河が見えなくなっているものと考えられている。

クエーサーの発見より20年ほど前の1941年、米国のカール・セイファートは、3つの渦巻銀河、NGC 1068、NGC 3516、NGC 4151[注18]の中心核から毎秒数千kmもの速度幅をもつスペクトル線の検出を報告した[15]。続いて1943年には、同様のスペクトルをもつ銀河は6つに増えた。重要なことは、これらはすべて「明るい中心核」をもつ渦巻銀河であったことである。

スペクトル線の広い速度幅は、ガスが高速で運動していることを示し、それは中心核の明るさと関係があるように見えた。現在、このような特徴をもつ銀河は「セイファート銀河」と呼ばれ、これも活動銀河の一種に分類されている。セイファート銀河の中心核は、電波からX線にわたる幅広い周波数帯で強烈な放射をしている。ちなみに、渦巻銀河の約5%はセイファート銀河である。

注17）電磁波の波長が本来の波長よりも長くなること。
注18）1888年に発表された新星雲目録（New General Catalogue of Nebulae and Clusters of Stars）における番号。

また、「電波銀河」と呼ばれるものもある。これは、強烈な電波を放射する銀河の総称で、電波強度は最大で10の39乗Wにも及ぶ。クエーサーや後述のブレーザーにも類似のものがある。電波スペクトルは広帯域にわたり、偏光も強いため、シンクロトロ

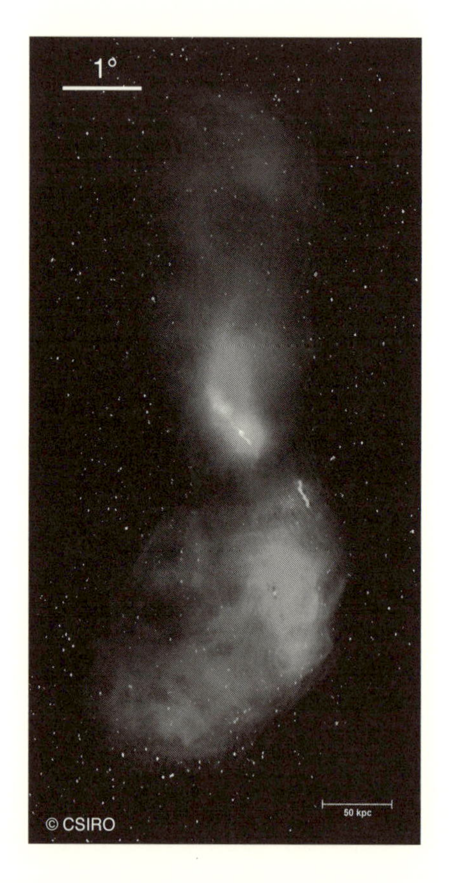

図8　電波銀河「ケンタウルス座A」の電波写真。画像中央に中心核があり、そこから左上と右下方向に細いジェットが出ているのが見える。上下一対のローブは、数百kpcもの広がりをもつ。

ン放射と考えられる。

一般的な空間構造は、明るくコンパクトな中心核と、その両側の電波ローブと呼ばれる対構造によって特徴づけられる。電波干渉計による高分解能イメージでは、中心核とローブを結合する細いジェットが見られるものがあり[16]（図8）、中心核から双極状に放射された高エネルギー粒子が磁場と相互作用することによって、強烈なシンクロトロン放射をしているものと考えられている。

これらの電波銀河のほとんどは楕円銀河であるが、その理由についてはよくわかっていない。一説には、楕円銀河の星間物質の少なさがジェット放出に有利であるとする考えがある。

最後に、クエーサーの一種である「ブレーザー」（blazar）について述べておこう。ブレーザーの特徴としては、光度変動が激しく偏光が強いことと、スペクトル線が検出されないことがあげられる。このことは、シンクロトロン放射や逆コンプトン散乱[注19]などの非熱的放射過程が支配的であることを示唆している。

代表的なブレーザーである「とかげ座BL」は、発見当初は変光星と考えられていた。1968年にこれが強力な電波源と一致することが確認され[17]、1974年にはこの天体の母銀河が検出された[18]。ちなみに、初期に発見されたクエーサーの多くはブレーザーに分類される。ブレーザーはX線領域で明るいものが多く、なかには非常に高エネルギー（TeV領域）のγ線で観測されるものもある。

注19）コンプトン散乱は、高エネルギー光子によって荷電粒子が散乱される過程である。逆コンプトン散乱はその逆で、光子が高エネルギー荷電粒子によって散乱され、エネルギーを得る過程である。

2.2 降着円盤

クエーサーが放射する莫大なエネルギーの源が、超巨大ブラックホールへの質量降着（こうちゃく）であることを最初に提唱したのは、豪国のエドウィン・サルピーター[19]とソ連のヤーコフ・ゼルドヴィッチ[20]であった。3C 273の赤方偏移が決定された年の翌年、1964年のことである。

その基本的なアイディアは、ブラックホールへ落ち込む物質が最内安定円軌道半径[注20]に至るまでに重力エネルギーを解放するというもので、サルピーターの試算によれば、落ち込む物質がもつ静止エネルギー[注21]の6%程度を活用できる。このアイディアは当初、それほど注目を集めなかったが、英国のドナルド・リンデンベルが1969年に発表した論文[21]により、にわかに脚光を浴びることとなった。

リンデンベルは、ブラックホールを周回するガス円盤における熱放射を計算し、「ブラックホール質量と質量降着率を変化させることで、クエーサーやセイファート銀河など広範にわたる高エネルギー天体現象を説明できる」とした。これは、1973年にベラルーシ出身の宇宙物理学者ニコライ・シャクラによって定式化された「降着円盤モデル」[22]の原型である。

現在、活動銀河核の統一モデルとして受け入れられているのは、**図9**の模式図に示したようなものである。まず、超巨大ブラックホールのまわりに高温の降着円盤があり、そのまわりを広輝線領域が取り囲んでいる。これらは、低温の分子ガス＋塵からなるドーナツ状構造（トーラス）で取り囲まれている。そして、降着円盤に対して垂直方向に、細い双極ジェットが吹き出している。双極ジェットの先には電波ローブが形成され、これが電波銀河とし

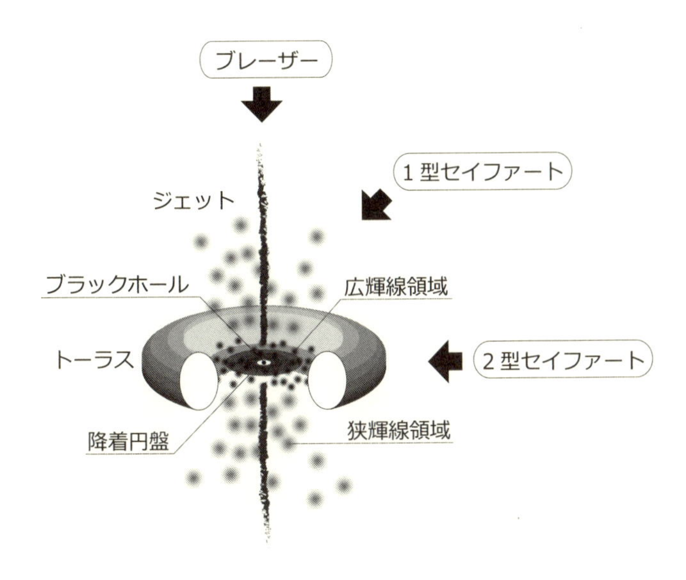

図9　活動銀河核の統一モデル。

て観測されているものである。

これらのジェットの正面方向では、相対論的なビーミング効果[注22]によって放射が増幅され、逆コンプトン散乱によるγ線放射も起

注20）ブラックホールの近傍では、安定な円軌道が存在せず、ある半径より内側ではすべてが飲み込まれていくと考えられる。その境界半径のこと。回転していないブラックホールの場合、シュワルツシルト半径の3倍がこれに相当する。

注21）静止している物体がもつ、質量が存在することによるエネルギー。大きさは、静止質量と光速の2乗の積で表わされる。

注22）運動する物体から運動方向に対して垂直に放出された物体の速度ベクトルは、特殊相対論的効果によって、静止系から見ると物体の運動方向に偏る。この結果、光速に近い速度で運動する物体からの等方的な放射は、物体の運動方向に強く集中（ビーミング）する。

こる。これがいわゆるブレーザーである。この描像に従えば、クエーサーとセイファート銀河のちがいは、エネルギー規模のちがいのみということになる。

ここで、この業界ではあまりにも重要な公式を紹介する。最も標準的な（単純な）降着円盤モデルに従うならば、降着円盤の光度（L）は次のような簡単な数式で記述される。

$$L = \eta \, (dM/dt) \, c^2 \qquad (1)$$

ここで、cは光速、dM/dtは質量降着率、ηはエネルギー変換効率である。右辺にブラックホール質量が入らないのは、最内安定円軌道半径における位置エネルギー値がそれによらないからである。回転していないブラックホールが中心天体の場合、最も効率的な状況で$\eta = (1/12) = 8.3\%$となる。ちなみに、恒星の中心で起きているH → He核融合反応のエネルギー変換効率は0.7%にすぎない。

式（1）に従えば、降着円盤の光度は、中心天体の質量によらないことになる。ただし、世の中にはエディントン限界光度[注23]というものがあって、次式で表わされる。

$$L_{EDD} = (1.26 \times 10^{31}\,\mathrm{W})\,(M/M_{sun}) \qquad (2)$$

これは、天体が安定に輝きつづけられる限界であり、見てのとおり、中心天体の質量に比例する。つまり、明るいクエーサーでは、やはり中心核ブラックホールは巨大でなくてはならない。

注23）天体表面の輻射圧と重力が拮抗する光度。名称は、初めて恒星における輻射圧の重要性を指摘した英国の天文学者アーサー・エディントンにちなんで付けられた。

2.3 低光度活動銀河核

明らかに活動的な中心核をもち、いわゆる活動銀河核と分類されるものは、全銀河の数%にすぎない。一方で、リンデンベルは1969年の論文において、「あまねく銀河の中心核には活動を終えたクエーサー（巨大ブラックホール）が潜んでいる」状況を論じている[21]。この洞察はきわめて重要で、もしこれが正しければ、現在は活動的な中心核をもたない銀河にも巨大ブラックホールが潜んでいることになる。

実際、1980年代に入って銀河中心核のスペクトル線によるサーベイ観測が進められるようになると、多くの銀河の中心に電離度の低いプラズマが集中することがわかってきた。これらの一部は、活動銀河と酷似した幅の広いスペクトル線を呈し、ティモシー・ヘックマンによって「ライナー[注24]」と命名された[23]。

気がつけば、全体の約半分の銀河がこれに分類されてしまった。その後、X線の観測からも、活動銀河核によく似た性質のX線が検出され、これらは「活動性の弱い」活動銀河核と認識されるようになった。

低光度活動銀河核として有名なものにM81[注25]がある。これは、おおぐま座方向にある天の川銀河と同程度の大きさをもつ渦巻銀河で、典型的なライナー核を有する。中心核付近のガスの運動から、6千万太陽質量の巨大ブックホールを有すると考えられてい

注24）低電離中心核放射領域（Low Ionization Nuclear Emission-line Region）の略。

注25）ご存知のとおり、仏国の天文学者シャルル・メシエが作成した星雲・星団・銀河カタログの番号。

る[24]。

天の川銀河のお隣、アンドロメダ銀河M31も外せない。ここの中心核はライナーでも何でもないが、ここには約5千万太陽質量のブラックホールの存在が示唆されている[25]。しかもよくよく見ると、中心核は1つではなく2つあるらしい[26]。これは数十億年前に合体した伴銀河の名残と考えられている。

もちろん、われわれの住む天の川銀河の中心核「いて座A*」。ここには400万太陽質量のブラックホールの存在[8][9]が取り沙汰され、これこそ低光度活動銀河核の最たるモノである。これまでのハッブル宇宙望遠鏡による近傍銀河の観測からは、多くの銀河の中心核に巨大ブラックホールがあるとする結果が報告されている。つまり現在の理解では、銀河の中心にはあまねく巨大ブラックホールがあり、その活動性がきわめて広範にわたっているものと考えられている[27]。

それでは、銀河中心核の活動を決定する要因は何であろうか。先の式（1）によれば、光度を決定する要因は、質量降着率とエネルギー変換効率であった。昨今、降着円盤モデルにはさまざまなバリエーションがあって、エネルギー変換効率の決定もいろいろと複雑である。ただ一つだけ確実にいえることは、質量降着がなければ中心核活動は誘起されないということである。つまり、銀河中心核を活性化させるためには、まずは中心核ブラックホールに物質を落とし込むことが何よりも肝要である。

2.4 質量供給過程

銀河中心核を活性化するためには物質を落とし込めばよいということであるが、じつはこれがなかなかむずかしい。渦巻銀河は円盤状であり、軸対称性が高いため、物質の角運動量が保存するという事情がある。楕円銀河も同様である。よって、銀河の外側から中心へ物質を移動させるには、何らかの角運動量を奪うプロセスが必要である。

1990年にアイザック・シュロスマンが*Nature*誌のレビューで整理したところによれば[28]、kpc（キロパーセク）以上の大規模スケールでは棒状構造などの銀河構造が、さらに小さなスケールでは磁気圧やガス雲どうしの衝突などが、角運動量輸送に主要な役割を果たすとされた。しかし、この筋書きに従えば、棒状構造をもつ渦巻銀河のほうが活動的な中心核をもつ割合が高くなっているはずである。しかし現実は、渦巻銀河のうち、セイファート銀河も活動銀河核ももたない銀河も、同じ割合で棒状構造をもつことがわかっている。

一方で、日本の谷口義明は、銀河どうしの衝突や合体に基づく爆発的星形成（スターバースト）から、活動銀河核へと至る統一的モデルを整理した[29]。銀河どうしの衝突や合体が起きれば、銀河の軸対称性が大きく失われ、物質の角運動量が効率的に奪われて、一気に中心へと落ち込んでいく。これに伴って、中心部で爆発的な星形成が起こり、その際に発生する大量の超新星爆発がさらなる角運動量輸送に貢献し、中心核への質量供給を促進する。

この統一モデルでは、銀河どうしの合体の規模が中心核活動性を決定する。すなわち、巨大な銀河どうしが合体する場合はクエーサーへ、巨大な銀河が矮小銀河を飲み込む場合はセイファート銀河へと至る。

しかしながら本質的な問題は、取り扱う空間スケールがちがいすぎるということである。中心核を活性化するには、物質をシュワルツシルト半径の数倍の距離まで落としてこなければならない。

たとえば1億太陽質量のブラックホールでも、シュワルツシルト半径は約0.00001 pc（3億km）である。これは、いま取り沙汰されている質量供給過程の典型的スケール（kpc）と比較して、あまりにもあまりにも小さい…。

第3章 G2雲近点通過事案

3.1 事の発端

2011年12月、『*Nature*』オンライン版に一つの衝撃的な論文が掲載された。論文の題名は「銀河系中心超巨大ブラックホールへと向かう一つのガス雲」。題名のとおり、銀河系の中心核ブラックホールへと落ち行くガス雲の発見を報告するものであった。論文の筆頭著者はシュテファン・ギレッセンで、VLT[注26]を用いて、いて座A*周辺にある恒星の運動を調べていた独国マックス・プランク研究所グループの発表であった[30]。

これによれば、地球の3倍程度のガス雲が銀河系中心核いて座A*に向かって落下しつつあり、2013年半ばには最接近するという（**図10**）。この雲は、電離ガスと塵で構成され、温度は約550 K（ケルビン）、なぜか「G2」と名付けられていた（理由は後に判明する）。よくよく見ると、このG2雲には、前方に「頭」、後方に「尾」がある、彗星のような形態をしていた。観測結果から計算された軌道によれば、近点距離は400億km、シュワルツシ

注26）VLT（Very Large Telescope）は、ヨーロッパ南天天文台が南米チリのパラナル山に設置した光赤外線望遠鏡。口径8.2 mの望遠鏡4台で構成され、光ファイバーで4台を結合して、干渉計としても運用可能である。

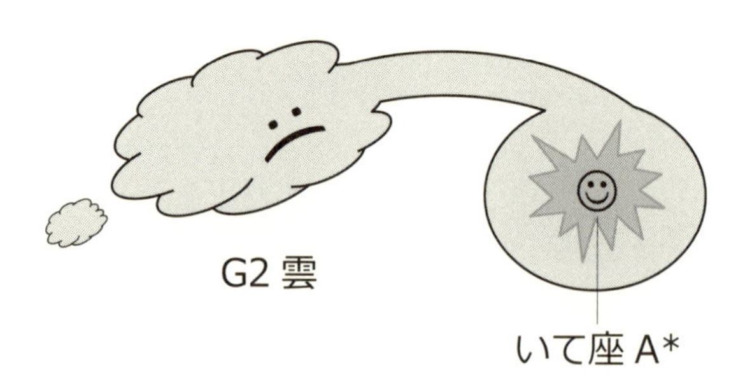

図10　銀河系中心核「いて座A*」へ落ちていくG2雲の模式図（竹川俊也氏提供）。

ルト半径の3100倍であった。

G2の発見報告から2年の間に20本以上の論文が出版され、観測結果とともにさまざまな理論的予測がなされた。2013年1月には、発見者の独国グループによるG雲の追観測結果を報告する論文が出版され、近点距離は2200シュワルツシルト半径に修正された[31]。同年の8月には、米国のUCLAグループがKeck望遠鏡[注27]を使用したG2雲の観測結果を報告し、近点通過は2014年春、近点距離を1600シュワルツシルト半径と予測した[32]。マックス・プランク研究所グループもその9月に新しい解析結果を出版し、若干修正された軌道要素を発表した[33]。

値に細かい相違はあれど、この時点で確実になったことは、G2雲が2013年秋から2014年春までの間に、中心核ブラックホールから約2000シュワルツシルト半径の距離にまで接近するということであった。そして、この最接近の際に、G2雲は潮汐力

注27）W. M. Keck望遠鏡は、ハワイのマウナケア山頂に設置された光赤外線望遠鏡。口径10 mの望遠鏡2台で構成される。これも結合型干渉計として運用できる。

によって分裂し、これが中心核への質量供給を促進すると予想された。

実際に、G2雲の頭部分は徐々に引き延ばされてきている。質量降着率の上昇はすなわち、いて座A*の光度増大をひき起こすであろう。予測された増光量はさまざまであったが、ひょっとすると、われわれの銀河系の中心核が活動銀河中心核へと変貌する瞬間を目撃できるかもしれない。最低でもきっと何かは起こるだろう。誰しもがそう期待した。

3.2 われわれのプロジェクト

銀河系中心核の超巨大ブラックホールに物質が落下する瞬間が迫っている。これは、まちがいなく人類が初めて経験する一大イベントである。

私たちのグループは、G2雲近点通過に伴ういて座A*の光度増大に備えて、2つのプロジェクトを開始した。1つは、いて座A*の増光によってひき起こされる化学組成の変化を追跡しようとするものであった。観測には、ミリ波帯ではいまだに世界最高の性能を誇る、国立天文台野辺山宇宙電波観測所の45 m望遠鏡を使用することにした。観測時間を確保するためには、「観測提案書」というものを提出せねばならない。2012年秋、われわれは入念に準備した提案書を、野辺山宇宙電波観測所へ提出した。

一般に、共同利用観測装置の提案書は年2回ほど募集される。数多くの研究者達が提出した観測提案書は、複数の審査員によって審査され、審査委員会によって採否が決定される。約2カ月後、われわれの提案が採択された旨のメールを受け取った。5人の審査員のうち、1人は何だか的外れなコメントとともに芳しくない評価を返してきたが、残りの4人は非常に好意的であった。

このとき、われわれの提案したプロジェクトは、波長3 mm（周波数100 GHz）帯の広帯域観測から、いて座A*増光以前の中心核周辺の化学組成を調べる、というものであった。いて座A*が増光した場合、強烈なX線放射が発生する可能性があり、それによって周囲の原子・分子が電離・解離されるハズである。

解離領域はほぼ光速で広がるであろうから、数年にわたって観測すれば、化学組成の空間分布が時間的に変化していくさまを目の当たりにできるにちがいない。観測は2013年の2月から5月にわたって行われ、いて座A*増光前の分子スペクトル線データが取得された。後は、増光を待ち、順次、同様の観測を遂行していくだけだ。

われわれが開始したもう1つのプロジェクトは、情報通信研究機構と協力して、8 GHz帯におけるいて座A*の光度変動を探ろうとするものであった。使用した観測装置は、鹿島－小金井基線VLBIシステム[注28]である。ラメシュ・ナラヤンらの予測によれば、中心核近傍に突入したG2雲は、周囲の濃密プラズマに衝突し、弓状の衝撃波を発生する。ここで荷電粒子が加速[注29]され、それらが磁場と相互作用することで、シンクロトロン放射を発生する。これは、いて座A*の見かけの電波強度を増大させると予測された。

鹿島－小金井基線VLBIシステムの8 GHz帯での角度分解能は70ミリ秒。これは、いて座A*のみを検出するのに最適な分解能

注28）情報通信研究機構が運用する基線109.1 kmの超長基線干渉計（VLBI）システム。鹿島と小金井に設置された各々口径11 mのアンテナからなり、おもに測地観測に利用されている。

注29）この過程は「フェルミ1次加速」と呼ばれる。荷電粒子が衝撃波面を往復しながら、統計的にエネルギーを得ていく。

である。観測は2013年の2月中旬から散発的に行われ、われわれはひたすらG2雲突入に伴う増光を待った。

上記2つのプロジェクトは、いずれも大学院生の竹川俊也君が担当した。国立天文台野辺山宇宙電波観測所での観測も、情報通信研究機構鹿島宇宙技術センターでの観測も、筆者は最初こそ付き合ったが、後は彼に任せきりにしても安心であった。いやはや、優秀な学生は持つものである。

3.3 事の経過

当然のことながら、世界中の研究者もまたさまざまな観測計画を立案した。低周波電波から超高エネルギーγ線に至るまで、公になっているものだけでも60以上のプロジェクトが開始された。観測結果の一部はほぼリアルタイムに、ATel[注30]というインターネットサービスで共有された。

そして、2013年の4月25日、事件が起こる。いて座A*のX線フレア（光度増大）が、その前日に検出されたという報告が、ATelに流されたのである。検出したのは、ガンマ線バースト観測衛星Swift衛星[注31]。検出されたX線光子数は122個にすぎなかったが、光度に換算すると40太陽光度ほどになり、これは、これまでにいて座A*で観測された最も強力なフレアに匹敵する規模

注30）“The Astronomer’s Telegram”の略。突発的天体現象の迅速な情報共有のため、独国マックス・プランク研究所において1997年から運用開始されたインターネットサービス。電子メールのほか、2003年からはTwitterとFacebookでも発信されている。

注31）米国NASAが2004年に打ち上げたガンマ線バースト観測衛星。X線望遠鏡のほか、硬X線バースト検出器と紫外／可視光望遠鏡が搭載されている。

であった[34]。

「早くも来たか」。われわれは即座に8 GHz帯のVLBI観測を行い、データを解析した。あれ？　まだ何も変化がない。翌日も、そのまた翌日も。1週間経っても。他グループも同様のようだ。X線は増光したままだ。そうこうしている間に5月末、同じSwiftグループから論文が発表された。先のX線フレア開始時に、非常に短い硬X線バーストを検出していたというのである[35]。また同時に、別グループによるNuSTAR[注32]を使用した観測結果も公表された。なんと、周期3.76秒のパルス信号が検出されたのである[36]。これらの事実は、磁場の強い中性子星起源であることを示している。

結局のところ、2013年4月25日のX線フレアは、いて座A*から南東に2.4秒角離れた位置にある強磁場中性子星がたまたまバーストを起こしたものということで落ち着いた。ちなみに、G2雲の最接近距離（2000シュワルツシルト半径）は10マイクロ秒角に相当するので、明らかにこれはG2雲とも関係がない。まあ、こんなところに中性子星が発見されたことは、それはそれでおもしろいのであるが、まったくもってヤレヤレである。どうして、このタイミングでバーストするかな。

このような喧噪をよそに、G2雲は順調に近点に向かって接近していた。分裂に向けて、頭はどんどん引き延ばされている。2013年秋には、米国サンタフェで銀河系中心に関する国際会議が開催され、G2雲に関する多数の研究が発表された。この時点で、G2雲はまだ近点を通過しておらず、それに関係するいて

……………………………………

注32）米国NASAが2012年に打ち上げた高性能宇宙望遠鏡。焦点距離が10 mと長く、高エネルギーX線撮影装置を搭載している。

座A*の増光も検出されていない。

独マックス・プランク研究所のグループは、最新の観測結果とともに、近点通過に伴うG2雲分裂と、いて座A*活性化の理論的予測を大々的に発表し、会場を沸かせていた。筆頭著者のシュテファン・ギレッセンは、講演への賞賛に対して「いやいやデータが良いんだよ」と謙遜しつつも、いたくご満悦の様子であった。

一方で、G2をガス雲とする解釈に対して強く異を唱える研究者もいた。独ケルン大学のアンドレアス・エッカートとその一味である。彼らは、G2の赤外線における「色」と同領域にある他天体との類似性から、G2は雲ではなくむしろ赤外線で明るい星であると主張していた[37]。余談になるが、エッカートはもともとマックス・プランク研究所グループの一員である。詳細は定かでないが、2010年前後に袂を分かったようである。

その後は大きな事件もなく2013年が過ぎていき、2014年に入った。春が来ても依然いて座A*に特段の変化は見られない。5月2日、米UCLAグループがKeck望遠鏡による3月19〜20日の観測結果をATelに報告した。「G2はいまだ無傷である」[38]。むむっ、これは…。その後も何も起こらないまま、2014年が過ぎていく。ATelには散発的に強度モニター観測の結果が流されるが、どれもこう芳しくない。

翌2015年、独マックス・プランク研究所のグループが新たな論文を発表した。どうやら、G2雲は2014年の4月頭に近点を通過し、大きく崩れることもなく、順調にいて座A*から離れていったようである[39]。この前後に、いて座A*が活性化したという報告は、今のところまったくない。

加えて、この論文では、「G1雲」なるものの存在も明かされた。じつは、彼らは2003年からこのG1雲にも気づいていて、G2雲とともに追跡していたらしい。G1雲はG2雲と非常に近い軌道上にあり、G2雲より13年先行して近点を通過したようである。近点通過の正確な日付は2001年6月末。このときも、いて座A*が活性化したという話は聞かない。まったく、そんなことを知っていたなら、先に言っておいてほしいものである。

3.4 事の顛末

そういうわけで、多くの研究者を巻き込んだG2雲近点通過事案は、まったくの空振りに終わった。われわれのVLBI観測プロジェクトも、何の変動も検出できないまま、2014年6月頭をもって終了した。分子スペクトル線プロジェクトのほうも、いて座A*静穏時のデータベースを出版するにとどまった[40]。大学院生の竹川君が貴重な経験を積めた、という意味では有意義であったが…。

結局のところ、G2とはいったい何だったのだろうか。空間的に広がったガスと塵からなる雲を伴っていることには疑いの余地はない。何しろ、近点通過直前には数千億km以上にまで引き延ばされていたのだ。重要なのは、それが近点通過後も引き裂かれずに生き残ったということである。

このことは、G2がただのガス雲ではなく、それ自身が重力的に束縛された天体であることを意味している。つまり、ガス雲を束縛する重力源がG2内部にあるということだ。それはおそらく恒星であろう。

米UCLAのグループは、G2の赤外線光度が太陽光度の30倍程度であることから、その質量は2太陽質量程度と評価した。しかもそれは、地球の公転軌道半径よりも大きく広がっている。これらのことから彼らは、G2の正体は、低質量の恒星が合体した直後の天体であろうと結論づけている[41]。合体直後の恒星は、数百万年程度は膨張状態を持続する。

この説は同時に、銀河系中心核近傍の大質量星の起源についても重要な示唆を与える。強大な潮汐力によって星形成が禁止されている中心核近傍において、少なくない数の若い大質量星が超巨大ブラックホールを周回していることは、これまでまったくの謎であった。これらの大質量星も、G2のような合体を経た天体が膨張状態を終えて、安定状態に戻った姿なのかもしれない。

しかしながら、独マックス・プランク研究所の人たちも黙っていない。G2の発見者であるシュテファン・ギレッセンは、ガス雲の密度がもっと高ければ、超巨大ブラックホールの強大な潮汐力にも耐えることができるはずだと反論している。だが、大方の形勢は逆転したように見える。

第4章 そもそもブラックホールは光るのか？

4.1 黒い穴

G2事案にいたく脱力したところで、ブラックホールがなにゆえに光らねばならないのか、いま一度よく考え直してみる。そもそも「光ですら脱出することができない」天体であるがゆえに、1967年に米国の物理学者ジョン・ホイーラーによって「ブラックホール」と名づけられたものらしい。

ところで、独国のカール・シュワルツシルトが、シュワルツシルト解を発表したのが1916年。しかし、そのなんと100年以上前の1784年、英国のジョン・ミッチェルが万有引力の法則を用いて、「発した光が自らの重力により脱出できない天体」の存在を指摘している[42]。それとは独立に、仏国のピエール=シモン・ラプラスも、1796年に発表した自らの著書において「見えない天体」の存在を指摘している[43]。つまり、ブラックホールの概念自体は存外に古い。

恒星進化論によれば（**図11**）、8太陽質量以下の恒星は、中心部での核融合反応の終了後、電子縮退圧[注33]で支えられた高密度の芯、「白色矮星（はくしょくわいせい）」を残す。1931年、スブラマニアン・チャンドラセカールは、特殊相対論と量子力学の帰結として、白色矮星の質量には上限があることを示した[44]。この限界質量は「チャンドラ

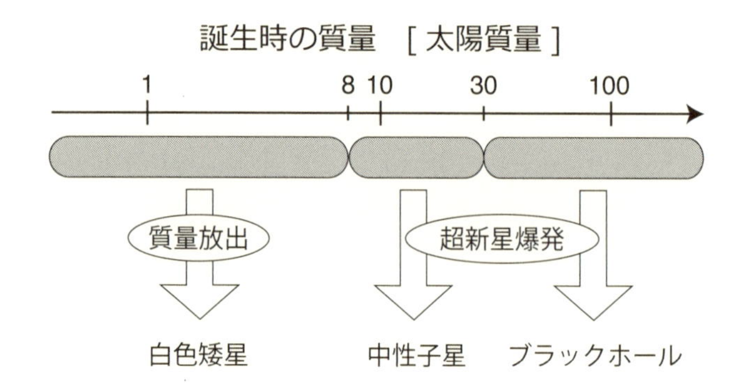

図11　恒星進化の最終段階。質量の小さな恒星は白色矮星へ、大きな恒星は中性子星またはブラックホールへと至る。

セカール限界」と呼ばれ、現在では1.44太陽質量と計算されている。

8太陽質量以上の恒星では、核融合反応の終了した芯を電子縮退圧では支えることができず、重力崩壊すると予想された。その結果、芯はさらに高密度になり、原子核の電子捕獲反応によって物質が中性子化する。こんどは、中性子縮退圧で支えられた「中性子星」が誕生する。この中性子星の質量にも上限があり、「トルマン・オッペンハイマー・ヴォルコフ限界」と呼ばれる[45]。こちらは、超高密度状態での状態方程式が定まっていないため、現在も1.5から3.0太陽質量と幅がある。

注33）電子および核子（陽子、中性子）はフェルミ粒子であり、同一状態に2つ以上の粒子を配置できないという性質（パウリの排他律）がある。このため、有限個のフェルミ粒子系では、絶対零度においてもすべての粒子を基底状態に詰め込むことは不可能で、多くの粒子は必然的に有限の運動量（圧力）を有することになる。

これよりさらに高い密度になると、クォーク[注34]の縮退圧などが考えられるが、これについては性質がほとんどわかっていないうえに、クォーク星[注35]の存在も確認されていない。したがって、多くの物理学者は、トルマン・オッペンハイマー・ヴォルコフ限界を超えた中性子星がブラックホールになると考えている。

回転しないブラックホールの半径（シュワルツシルト半径）は $2GM/c^2$ で表わされるが、ニュートン力学を用いて脱出速度が光速に等しくなる半径を計算しても、まったく同じ表式になる。「事象の地平面」とも呼ばれるその球面の内側がどうなっているのか、実際はよくわからない。シュワルツシルト解を信じるならば、この半径の内側では、時間座標と空間座標が入れ替わるらしい。時間は一方向にしか流れないので、この場合、ひたすら中心へ進むことになる。

中心天体についても、一点に収束してしまって特異点となっているのか、はたまた未知の物理によって支えられて有限の大きさになっているのか、じつのところまったくわかっていない。

この球体が厳密に真っ黒かというと、じつはそうでもないらしい。量子力学的には、何もない真空状態でも、絶えず粒子と反粒子が対生成と対消滅をくり返している。これを「真空のゆらぎ」という。

ブラックホールの事象の地平面付近で対生成が起きた場合、負エネルギー粒子が地平面に向かって落ち、正エネルギー粒子が外へと放射されるという過程が起こりうる。この場合、放射された

注34）ハドロン（バリオンと中間子の総称）を構成する素粒子。
注35）裸の状態の「クォーク」により構成される星。中性子星よりも密度が高い。じつは、いくつか候補が示唆されている。

粒子の分だけ、ブラックホールはエネルギー（質量）を失う。これが、1974年にスティーヴン・ホーキングが提唱した「ホーキング放射」と呼ばれる過程である[46]。

これは熱的な放射となり、その輻射温度はブラックホール質量に反比例する。具体的には、10太陽質量のブラックホールで、10億分の6 K程度である。光度に換算すると、10の30乗分の1 Wとお話にならないくらいに暗い。光度は質量の2乗に反比例するので、超巨大ブラックホールにもなると絶望的である。まあ、天体としてのブラックホール本体は、つまるところ絶望的に暗いということはわかった。

4.2 大局的な降着過程

そもそも、ブラックホールに落ち込む物質はどこから来るのであろうか。一般には、それは星間ガス（ときどき星）と考えられている。天の川銀河のような巨大な銀河では、恒星と星の間には希薄な「星間ガス」が広がっている。その濃度はひどく場所に依存するのであるが、地上で最高の気密容器＋真空ポンプをもって達成可能な密度よりも、さらに低い密度である。

このように希薄なガスであっても、広大な領域にわたって集めれば、けっこうな質量になる。たとえば、1 ccあたり100個の水素分子を1 pc四方にわたって集めれば、5太陽質量程度になる。活動銀河核程度の明るさ（10の33乗W）をまかなうためには、1万年あたり0.1太陽質量をブラックホールに落とし込めばよいので、質量だけを見ればそれほど困難なようには見えない。問題は、そう2.4節でも述べた「角運動量」である。この中心力場中における保存量が、ブラックホールへの質量供給を困難にする黒幕である。

銀河スケールであれば、棒状構造などの非軸対称性により、回転するガスの角運動量を奪うことは可能である。しかしながら、kpc以下のスケールでそれは期待できない。分子雲衝突も、分子雲の大きさ（数pc）以下までは到達できない。とくに、中心核ブラックホールの重力が卓越するような領域では、球対称な重力場が物体の運動を支配する。

ニュートンの万有引力の法則は、点状重力源に束縛された物体は重力源を焦点の一つとする楕円軌道を描くことを導く。これはケプラーの第一法則として知られる。この楕円軌道はきわめて安定で、軌道上から重力源に向けて物体を投げ込もうとしても、それはまったく容易ではない。投げ込まれた物体は、さらに扁平な楕円軌道に移行するだけである（図12）。物体をさらに内側の軌道に移行させたければ、その物体の運動エネルギーとともに角運

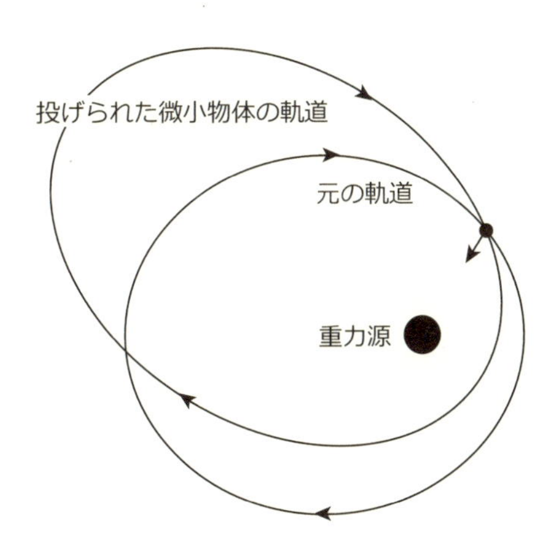

図12 点状天体がつくる重力場内で楕円運動する物体から微小物体を投げた場合の軌道。

動量を奪う必要がある。

この角運動量輸送問題に対する一つの解決策が、じつは1939年に、ともに英国の天体物理学者であるフレッド・ホイルとレイモンド・リットルトンによって提示されていた[47]。彼らが取り扱ったのは、十分遠方から点状重力源に向かう一様なガス流である（図13）。ちなみに、一様なガス雲中を点状重力源が移動する場合もまったくこれと等価である。

点状重力源に近接したガス粒子は、一直線に点状重力源に向かうもの以外は、単独ではすべて双曲線軌道を描いて飛び去ってしまうことになる。しかしながら、一様なガス流の場合は、重力源によって軌道を曲げられたガス粒子が、下流の一直線上で衝突する。ここで、角運動量が相殺するのである。

角運動量を失ったガス粒子のうち、脱出速度を下まわる部分が重力源に向かう直線に沿って降着していく。結果として、ガス流のうち「ホイル・リットルトン半径」の円柱に含まれる部分だけ

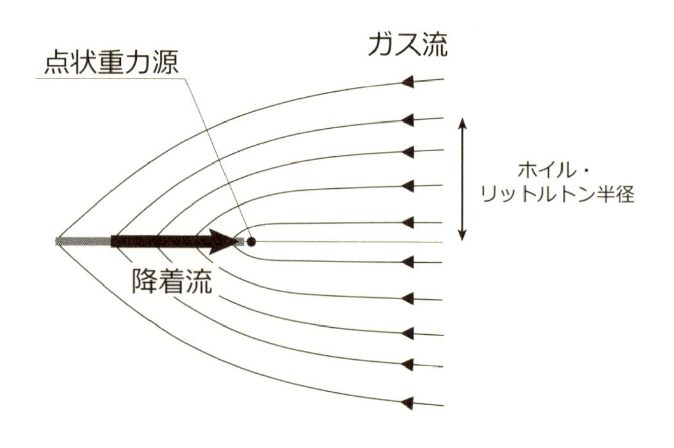

図13　ホイル・リットルトン降着過程の模式図。

が、点状重力天体への降着に寄与することになる。これを「ホイル・リットルトン降着」過程という。

その後、1944年に、ヘルマン・ボンディとフレッド・ホイルによってガス圧の効果が考慮され（「ボンディ・ホイル降着」）[48]、さらに1952年には、ボンディによって一様静止ガス中の降着過程（「ボンディ降着」）が調べられた[49]。これらの総称として「ボンディ・ホイル・リットルトン降着」とも呼ばれる。

つまり、銀河円盤部から中心部に落ちてきたガスは、大局的には最後にボンディ・ホイル・リットルトン降着によって角運動量を失い、ブラックホール近傍の降着円盤形成へと至ると考えられる。降着円盤まで形成されてしまえば、そこで重力エネルギーを輻射として開放しながら、磁場などを介して角運動量を捨てていけばよい。これについては、2.2節で述べたとおりである。つまり、ある程度の密度でガスが周囲に広がっていれば、ブラックホールのまわりには降着円盤が形成され、それがそれなりに輝くはずである。

ところが、である。またまた現実はそう簡単ではない。天の川銀河の中心核、いて座A*を例にあげよう。ここには400万太陽質量のブラックホールがあると、大方の人は思っている。まわりにガスもある。それを供給する年老いた恒星もふんだんにある。これらの情報から、中心核ブラックホールへの質量降着率は1万年あたり0.001から0.1太陽質量程度と評価される。

2.2節の式（1）を使えば、この場合の降着円盤の光度は10の30乗から33乗Wにもなる。しかし現実には、いて座A*の光度は10の26乗W程度で、ときどきフレア・アップ（一時的な光度増大）しても、せいぜい10の28乗W程度にすぎない。どうやら、まだ何か考え足りないところがある。

4.3 放射非効率降着流

いて座A*や、低光度活動銀河核の例では、標準降着円盤では効率が良すぎて適用不可能であるように見える。そもそも標準降着円盤モデルは、重力エネルギーがすべて輻射エネルギーに変わるという理想的な状況を想定しており、円盤構造の安定性やエネルギー収支も考慮されていない。これらを真面目に取り扱うことで、降着円盤には理論的にいくつかのバリエーションが現われることがわかってきた。その代表的なものに、「放射非効率降着流(RIAF)[注36]」というものがある[50][51]。

降着円盤内のとある半径において、加熱と冷却のエネルギー収支を考える。加熱過程は粘性による加熱が、冷却過程は放射による冷却と移流（または対流）による冷却が有効である。加熱と冷却が等しくなるところが、エネルギー収支が釣り合っている状態である。

さて、簡単な計算から、放射冷却による単位時間あたりのエネルギー損失は質量降着率に依存しないことがわかる。一方で、粘性加熱によるエネルギー流入は質量降着率に比例し、移流冷却によるエネルギー流入は質量降着率の２乗に比例する。これらを質量降着率に対してプロットしたものが**図14**である。

エネルギー収支が釣り合っている点が2つあることがわかる。これらが、実際に許容される質量降着率の値であり、そのうち値が大きい移流優勢平衡点のほうが放射非効率降着流（RIAF）の

注36）Radiative Inefficient Accretion Flow の略。このうち、移流が支配的な場合はAdvection Dominated AF（ADAF）、対流が支配的な場合はConvection Dominated AF（CDAF）と呼ばれる。

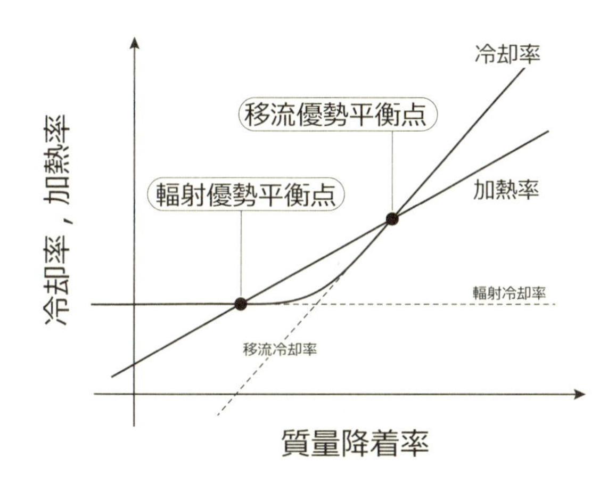

図14　降着円盤内のある半径における、加熱率と冷却率の質量降着率依存性。

解に相当する。RIAF解では、冷却のほぼすべてを移流（対流）が担っており、放射はそれと比較して著しく非効率である。ちなみに、もう一方の放射優勢解については、温度変動に対する安定条件を満たさないために不安定であることがわかっている。

いろいろと複雑なことを書いたが、平たくいえば、RIAFとは、重力エネルギーを放射で解放することなく、ガスとともにブラックホールへ流し込んでしまう、あまりありがたくない降着流である。しかも、質量降着率が低い場合に、このRIAF解が選択されることがわかっており、いわば泣きっ面に蜂状態である。つまり、暗い降着円盤はとても暗い。これがまさに天の川銀河の中心核、いて座A*で起きていると考えられている。

RIAFでは、降着流自体は速く進むので、円盤内に十分なガスがとどまらず、それは電磁波に対して透明になる。放射冷却が効かないために、円盤中のガスは非常に高温になる。円盤の厚みは、標準円盤のそれに比べて厚いものになる。RIAFとは逆に、質量降着率が高い場合の降着円盤モデルとして、「超臨界降着流」や「極超臨界降着流」などがあるが、これらの詳細については本書では触れないでおく。

第5章

ブラックホールの成長

5.1 恒星質量ブラックホール

さて、前章で、太陽の30倍以上の質量をもった恒星が、その進化の最終段階で大爆発を起こし、残った芯がブラックホールになることを述べた。そのようなブラックホールを「恒星質量ブラックホール」という。誕生時の恒星の質量には理論的な上限があり、それは太陽の400倍程度らしい。現在見つかっている最も重い恒星は、大マゼラン雲中のタランチュラ星雲中心近くにある「R136a1」であり、その質量は265太陽質量[52]と評価されている。ちなみに、誕生時は320太陽質量もあったと計算されている。

とはいえ、100太陽質量を超える恒星はきわめてまれであり、爆発前に自身の輻射圧によって外層部の大部分を失っていくため、残されるブラックホールの質量は20太陽質量を超えないと考えられている。実際、現在のところ見つかっている恒星質量ブラックホールのうち最大のものは「M33 X-7」[注37]であり、質量は16太陽質量である[53]。

そう、恒星質量ブラックホールは、X線天体として観測される。

注37）系外銀河M33中のX線天体。天の川銀河からの距離は約100万 pc。

これまでに、60数個の恒星質量ブラックホール候補天体が確認されているが[54]、すべてX線天体であり、近接連星系である(**図15**)。つまり、伴星からの質量降着に伴う重力エネルギー解放によって輝いている。最も有名なのは「はくちょう座X-1」。その名のとおり、はくちょう座の方向にあり、太陽系から約2000 pcの距離にある[55]。

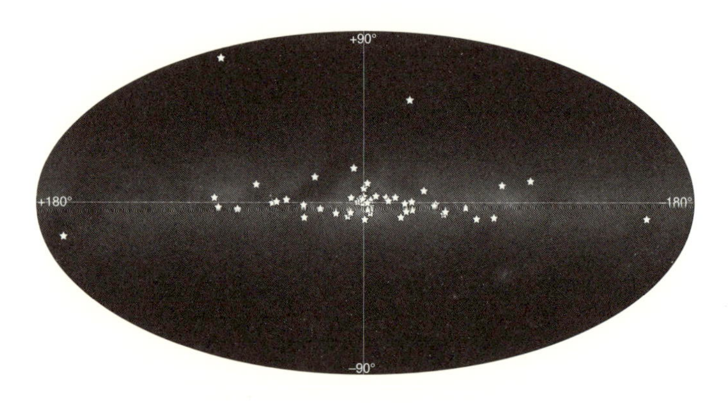

図15　銀河系内で確認されているブラックホール（候補天体）の空間分布。

1964年に発見されたこの天体は、強烈なX線天体であり、その光度は数秒の時間スケールで変動する。現在の理解では、はくちょう座X-1は20〜40太陽質量の青色超巨星と、14.8太陽質量のブラックホールとの近接連星系とされており、公転軌道周期は5.6日、軌道半径は0.2天文単位である。

はくちょう座X-1がブラックホールである証拠とされるものは複数あるが、主要なものとして、①質量が中性子星の限界質量を超えている、②強度変動が不規則でパルスが見えない、③スペクトルの時間変動が異常、などがある。

「はくちょう座X－1がブラックホールか否か」については、1975年に2人の著名な物理学者が賭けをしたことは有名である。その2人とは、かのスティーブン・ホーキングとキップ・ソーンであり、賭けたものはお互いの好きな雑誌一年分であった。科学的な決着は現在も厳密にはついていないが、1990年に「ブラックホールではない」ほうに賭けたホーキングが敗北を認め、ソーンは雑誌『ペントハウス』一年分を得ることになった。ちなみに、ホーキングの賭け好きは有名で、その後も同様な科学的賭けを挑み、きっちり三連敗している。

さて、恒星質量ブラックホールが大質量星の終焉とともに誕生するならば、星形成活動が継続しているかぎり、その数は増えつづけていくはずである。それでは現在、銀河系内に恒星質量ブラックホールは何個あるのであろうか。

まず、銀河系の年齢は約132億年らしい。その間ずっと同じ効率で星をつくりつづけてきたわけではなく、初期に非常に活発な星形成活動の時期を経験し、その後は徐々に効率が低下してきたものらしい。その結果の積分値として、現在見える恒星と重元素で汚染された星間物質、そして縮退星[注38]とブラックホールがある。

これらの観測事実を総合して評価された、現在の銀河系中の恒星ブラックホールの数は、総計1億個から10億個にものぼる[56]。これは、X線天体として観測されたブラックホール候補天体の数(60数個）に比べて、まったく比較にならないくらい膨大な数で

注38）フェルミ粒子の縮退圧で支えられた星のこと。現在のところ確認されているのは、白色矮星と中性子星である。

ある。つまり、われわれの住む銀河系には、膨大な数の「暗い」恒星質量ブラックホールが潜んでいるということである。

5.2 超巨大ブラックホールの起源

一方で、本書の主題である超巨大ブラックホールである。先にも述べたように、これらは銀河中心に普遍的に存在すると考えられているが、じつは形成過程がよくわかっていない。しかし、赤方偏移が7を超えるクエーサーが発見されていることを考えると、宇宙誕生後10億年も経たない時期には、すでに超巨大ブラックホールが存在していたことになる。

現在見つかっている超巨大ブラックホールのうち最大のものは、かみのけ座にある銀河NGC4889の中心にあるもので、その質量は太陽の何と210億倍にもなる[57]。小さいものでも太陽の百万倍程度もあり、見つかっているブラックホールの質量分布には、恒星質量ブラックホールと超巨大ブラックホールとの間に広大な空隙がある。

銀河中心超巨大ブラックホールの形成過程を整理したものとして、英国ケンブリッジ大学のマーティン・リースが1978年に提唱した「リース・ダイアグラム」が有名である（**図16**）[58]。これは、考えうる超巨大ブラックホールの形成過程を双六（すごろく）のようにまとめたもので、若干の微修正を歴（へ）つつ現在も何かと参照されている。

このように、超巨大ブラックホールの形成過程としては複数の経路があるが、基本的には、ガス雲から「種」となる小振りのブラックホールが形成され、それが何らかの過程を経て成長するというものが主流である。原始ガス雲が重力崩壊して直接、超巨大

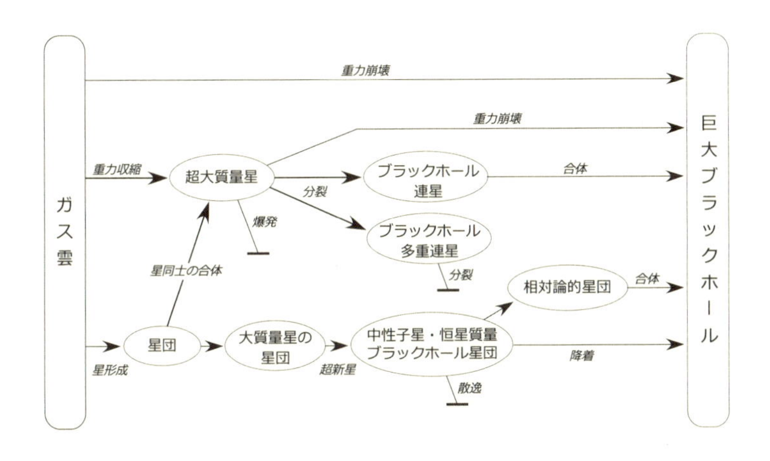

図16　超巨大ブラックホールの形成過程を整理したリース・ダイアグラム。

ブラックホールに至る経路も考えられなくもないが、これを支持する研究者はかなり少数派に属する。

「種」ブラックホールは、初代星もしくはそれらが合体した超大質量星が超新星爆発した結果生成される、典型的に100太陽質量程度のブラックホールである。「種」としては、リース・ダイアグラムの“振り出し”にあるガス雲以外に、初期宇宙の相転移に形成される可能性が指摘されている“原始ブラックホール”も考えられる。

この原始ブラックホールの質量は、太陽質量以下と考えられている。いずれの「種」が振り出しであるにせよ、それが超巨大ブラックホールにまで成長するには、長い長い道程がある。

その道程とは、物質の降着またはブラックホールどうしの合体である。

降着する物質は、星間ガスでも恒星でも、どちらでもよい。星間ガスが降着する場合は、降着過程で重力エネルギーの一部を解放し、活動銀河核として眩く輝くであろう。恒星（惑星でもよいが）が降着する場合は、ブラックホール近傍の強大な潮汐力によって破壊され、一時的な光度の増大が見られるだろう。

ブラックホールどうしが合体する場合は、電磁放射は期待できず、むしろ強烈な重力波放射が行われるであろう。いずれにせよ、有限の時間内に質量を4桁以上も上げねばならないのであるから、中心核ブラックホールの成長は効率的に行われねばならない。

また、どうやら銀河中心核超巨大ブラックホールの質量は、銀河バルジの質量とは非常によい相関関係にあるらしいことがわかってきている。銀河バルジ質量に対して、中心核ブラックホール質量はおおむね1000分の1程度であり、その両者の関係を発見者にちなんで「マゴリアン関係」と呼ぶ[59][60]。

これは、超巨大ブラックホール形成が銀河バルジの形成過程と深く関係していることを意味するが、その物理的機構は解明されていない。これには、種ブラックホールがガス降着または合体によって質量を増大させていく過程において、銀河バルジも同時に成長していく過程が必要である。これを中心核ブラックホールと銀河バルジの「共進化」という。

まあ、いろいろ述べたが、つまるところ、あまねく銀河中心に潜む超巨大ブラックホールは、さほど大きくないブラックホールが、ガス降着だか合体だかを経て成長してきたものであるということが、現在、大方の共通見解である。

5.3 中質量ブラックホール

さて、恒星質量ブラックホールから超巨大ブラックホールという成長経路について、疑念を抱く研究者は現状そう多くはないだろう。しかしながら問題は、その成長の途中過程で現われるべき、両者の中間的な質量をもったブラックホールが確実には見つかっていないということである。この、見つかっているブラックホールの質量分布の間隙、数百太陽質量から数十万太陽質量までの範囲にあるブラックホールのことを「中質量ブラックホール」と呼ぶ（図17）。

ただし、中質量ブラックホールの候補天体とされるものは、すでに複数報告されている。「超高輝度X線源」と呼ばれる一群の天体はその筆頭である[61]。これらは一般に、系外銀河の中心核から離れた位置で発見される。光度は10の32乗W以上であり、活動銀河核よりは低光度であるが、恒星質量ブラックホール候補天体よりは明瞭に光度が大きい。

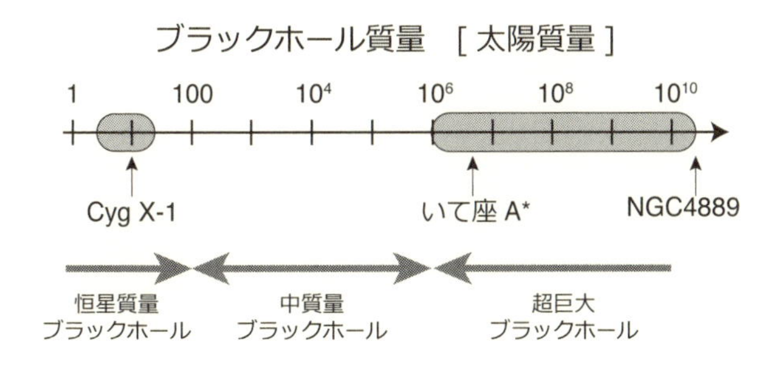

図17　現在までに見つかっているブラックホール候補天体の質量範囲。

第2章でも述べたように、天体には安定に輝きつづけられる限界（エディントン限界光度）というものがあり、逆にいえば、観測された光度から、その天体の質量の下限を評価できる。そして、超高輝度X線源には、数百あるいは数千太陽質量を超える質量をもつものがある。

爆発的星形成銀河M82中に発見された非常に明るい超高輝度X線源「M82 X−1」はとくに有名である[62]。これは、近赤外線で見える星団中に位置し、その周囲には多重の超新星爆発に起因すると考えられる分子ガスの膨張殻構造が発見された[63]。ちょうど2000年前後のことである。

この状況から、爆発的星形成によって誕生した高密度星団中において、恒星の暴走的合体が進行し、中質量ブラックホールが生まれるというシナリオが裏づけられたかのように思われた。このように誕生した中質量ブラックホールは、星団とともに銀河中心へと沈降し、合体をくり返して超巨大ブラックホールの形成・成長に寄与する[64]。

ちなみに、このとき星団中の他の恒星は、銀河バルジの成長に寄与する。つまり、このシナリオによってマゴリアン関係が自然に説明される。

一方で、エディントン限界光度に基づいた質量評価に疑念を抱く研究者も少なくない。この理論では、球対称性が仮定されており、現実の降着円盤からのエネルギー解放過程にはそのまま適用できないという、至極まっとうな指摘がなされている。

詳細な理論計算によれば、球対称の仮定を逃れることで、エディントン限界の10倍ほどの光度までは放射できることが示されている。問題は、すべての超高輝度X線源がエディントン限界を超えて輝いているかどうかというところである。いずれにせよ、少なくとも一部のとても明るいものに関しては中質量ブラックホールと考えてもよいような気がするが、そんなものは光度的にもスペクトル的にも必要ないという意見も根強い。

球状星団[注39]の中心に、中質量ブラックホールの痕跡を見いだしたとする報告も、数多くなされている。それらの観測的な根拠は、おもに中心部の恒星密度と速度分散の特徴的な上昇である。

代表的なものとしては、ペガスス座の「M15」に約4千太陽質量[65]、ケンタウルス座の「ω星団（ωケンタウリ）」に約1万太陽質量[66]、そして、アンドロメダ銀河中の「G1」に約2万太陽質量のブラックホールの存在が示唆されている[67]。

しかしながら、これらについても、ブラックホールがなくても観測結果を説明できるとする研究結果が他のグループによって発表されており、球状星団の中質量ブラックホールの存在はいまだ釈然としない。

天の川銀河の中心核、いて座A*の非常に近傍にも、一つの中質量ブラックホール候補が報告されている。近赤外線源「IRS 13E」は、いて座A*からほんの0.13 pc離れた位置にあり、少なくとも4つの大質量星を含む小規模な星団である。これらの大質量星は大きな速度分散を呈し、これが重力的に束縛されているとするならば、約1300太陽質量の“見えない”質量、中質量ブラックホールが隠れていると推測された[68]。しかしながら、これについてもその後、いくつかの反証が提示され、IRS 13E内の中質

注39）球形に集まった恒星の集団のこと。恒星どうしは重力的に非常に強く束縛されており、中心部に向かって数密度が高くなっている。通常、数十万個以上の古い恒星からなり、天の川銀河内には現在約150個が見つかっている。現在見つかっている最大のものはωケンタウリで、数百万太陽質量もある。

量ブラックホール説は下火になっていった。[注40]

　このように、中質量ブラックホール候補の発見報告に関しては、なぜかいずれの種別の候補に対しても根強い反論があり、いまだ市民権を得た候補天体は存在しないのが現状である。

……………………………………

注40）つい最近、アタカマ大型ミリ波サブミリ波干渉計（ALMA）の観測から、IRS 13E方向に毎秒600 kmもの速度幅をもつ水素のスペクトル線が検出され、中質量ブラックホール候補としてにわかに再浮上してきている。

第6章

重力波の検出

6.1 晴天の霹靂

2016年2月12日、米国の重力波望遠鏡LIGO[注41]のグループが、重力波を検出することに成功したと発表した。これにはまったく虚を突かれた。ちまたにジワジワと広がる噂は耳にしてはいたものの、いやまたどうせアレだろうと筆者は高(たか)をくくっていたのだ。

発表によれば、2015年9月14日、約3000 km離れたLIGOの2つの重力波検出器が、6.9ミリ秒の差でほぼ同型の信号を検出したらしい。このイベントはGW150914と命名された[69]（図18）。信号の到来順と時間差から、南半球側から到来した重力波と考えられる。

検出された重力波は、0.15秒ほどの間に振幅が増大するとともに、周波数が35 Hzから250 Hzに上昇し、その後、急速に減衰した。この波形は、連星をなす2つのブラックホールが合体する際に放射する重力波のシミュレーション結果と非常によく符合する。

注41）レーザー干渉計重力波天文台（Laser Interferometer Gravitational-wave Observatory）の略。米国ルイジアナ州リビングストンとワシントン州ハンフォードの2カ所に設置されたレーザー・マイケルソン干渉計からなる。

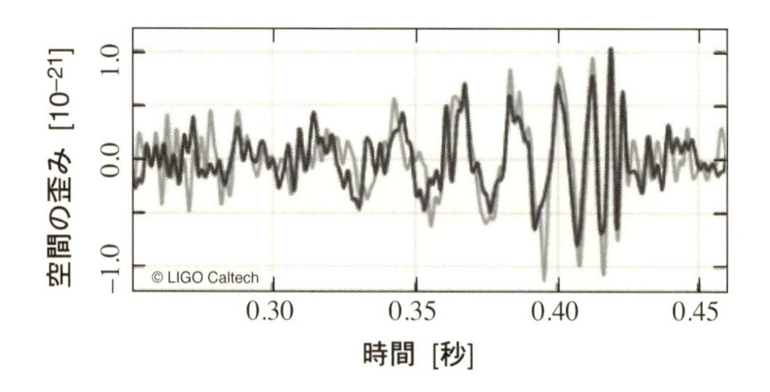

図18　LIGOで検出されたGW150914における重力波の波形（提供：LIGO Caltech）。

理論波形との比較から、イベント発生場所までの距離は約410 Mpc（メガパーセク、赤方偏移0.09）、合体前のブラックホール質量はそれぞれ36太陽質量と29太陽質量、合体後のブラックホール質量は62太陽質量と算出された。

このように大々的に発表されてもなお、筆者はまだ信じていなかった。それは、検出された重力波の波形があまりにも綺麗(きれい)だったことによる。GW150914の信号／雑音比は24らしいが、初検出がこんなにキレイでよいのか？

その疑念が晴れない同年6月15日、LIGOグループは淀みなく2例目の重力波検出を発表した[70]。検出されたのは、2015年12月26日（GW151226）、距離は約440 Mpc（赤方偏移0.09）、合体前のブラックホール質量はそれぞれ14太陽質量と7.5太陽質量、合体後のブラックホール質量は21太陽質量であった。

そして、2017年6月1日、LIGOグループは容赦なく3例目の報告をする（GW170104）。これはちょっと遠くて、距離約880 Mpc（赤方偏移0.18）、合体前のブラックホール質量はそれぞれ

31太陽質量と19太陽質量、合体後のブラックホール質量は49太陽質量とされた。

じつは、これら3例の検出に比べると、信頼度が少し落ちるLVT151012というイベントも、名前のとおり2015年10月12日にしれっと確認されている。これは、距離約1000 Mpc（赤方偏移0.20）、合体前のブラックホール質量はそれぞれ23太陽質量と13太陽質量、合体後のブラックホール質量は35太陽質量となっている。

ううむ、何ということであろうか。どうも、こちらの心の準備が整わないウチに、本当に重力波が検出される時代がこうも唐突に来てしまったらしい。後に述べるが、この状況に筆者はいろいろな意味で少なからず動揺してしまった。

6.2　重力波とは

ここで、簡単に重力波について解説しておく。端的にいえば、重力波とは、重力場の時間変動が波動として光速で伝わる現象のことである。

まず、重力（万有引力）とは、質量のある2つの物体間に働く引力で、かのアイザック・ニュートンが1665年に見いだした「万有引力の法則[注42]」に従う。ニュートンの考えに従うならば、この万有引力は遠隔作用[注43]であり、無限大の速度で伝わる。このような遠隔作用として働く力と、絶対時間と絶対空間を前提とした3

注42）「2つの物体間には、2物体の質量の積に比例し、2物体間の距離の2乗に反比例する引力が働く」とみなす法則。ニュートンは、りんごが木から落ちるさまを見て、これを思いついたという逸話があるが、これの真偽は定かでない。
注43）空間を隔てた物体が直接及ぼす相互作用のこと。

つの運動の法則を基礎とした力学の体系を「ニュートン力学」という。もし重力が完全にニュートン力学に従うならば、重力波なるものはありえない。

ところが、1911年から1916年にかけて、アルベルト・アインシュタインによって「一般相対性理論」が発表される。これは、等価原理[注44]に基づいた重力理論であり、光速に近い運動や強い重力場中での運動を、より正しく記述できる理論であることがわかっている。この立場で重力場は、時空の幾何学として取り扱われ、ニュートン力学で万有引力として説明された現象は、歪(ゆが)んだ時空連続体中における測地線[注45]の方程式の解として説明される。

加えて、この理論では、重力は電磁気力と同様の近接作用[注46]とされ、その伝搬速度も光速に等しいとされる。つまり、質量をもつ物体（重力源）の加速度運動が、光速で伝搬する重力場（時空の歪み）の波を生じることを予言する。これが重力波である。

重力波を放射する天体現象として、たとえば連星系がある。この場合、2つの星が重心のまわりを回転しており、時空の歪みも時間的に変化するため、その影響がまわりに広がっていく。連星系を構成する星が重いほど、また公転速度が光速に近いほど、強い重力波放射が期待される。

よって、中性子星またはブラックホールの近接連星系などはとてもよい。ましてや、それらが合体する際などは、強烈なことになるにちがいない。超新星爆発なども期待大である。激しい現象

……………………………………

注44）物体に働く重力と、加速度運動する物体に働く慣性力とは、区別できないとする原理。

注45）曲がった空間において、2つの離れた点を結ぶ最短な線のこと。

注46）何らかの媒質を通じて生じる局所的な相互作用のこと。

注47）基底状態にある水素原子の半径（ボーア半径）は 0.53×10^{-10}m。

であれば、おおむね何でもよいのである。

　重力波は、時空の歪みを変化させるため、2点間の距離を変化させる。しかし、この効果は非常に非常に弱く、直接の検出はきわめてむずかしいことがわかっている。たとえば、GW150914がひき起こした時空の歪み量は10の−21乗という非常に小さな値である。

　これは、「地球から太陽までの距離」が「水素原子の直径[注47]」分だけ変動した場合の量に相当する。このように微小な距離の変動を検出するためには、きわめて精密な計測技術が必要である（**図19**）。よって、巨費を投じた数々の努力にもかかわらず、これま

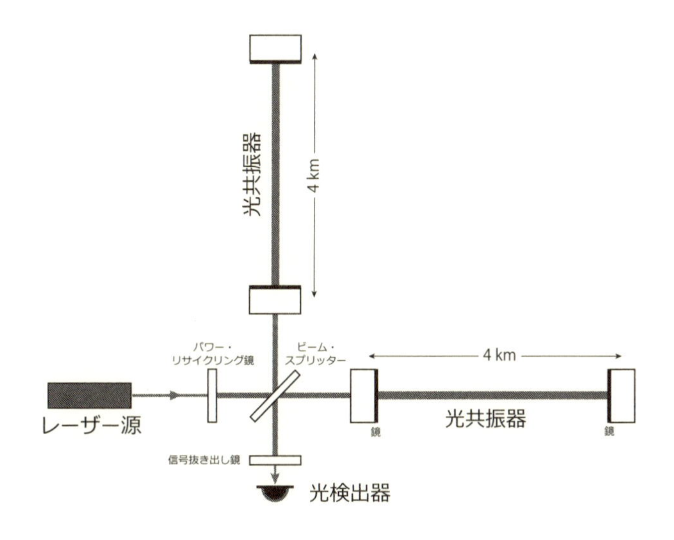

図19　重力波検出器として使用されるマイケルソン干渉計の模式図。レーザー源からの光はビームスプリッターで二等分され、遠くに置かれた鏡で反射されて戻ってくる。戻ってきた光はそれぞれ再び二等分され、半分が光検出器へと向かう。光路上で時空の揺らぎが起これば干渉条件が変わり、検出器の位置における光の強度が変化する。

では重力波の直接検出は成功してこなかったわけである。

とはいえ、重力波の存在自体がまったく確認されていなかったわけではない。1974年、ジョゼフ・テイラーとラッセル・ハルスは、連星パルサー「PSR B1913＋16」を発見した[72]。パルサーとは、高速回転する中性子星であり、このPSR B1913＋16の場合は、伴星のほうも中性子星であることがわかった。つまり、中性子星－中性子星の連星系だったのである。

その8年後には、テイラーとジョエル・ワイスバーグによって、PSR B1913＋16の軌道周期が、1年に約76マイクロ秒ずつ短くなっていることが明らかにされた[73]。この現象は、連星系のエネルギーが重力波放射によって減少していくさまを見ているものと解釈される。このことは、一般相対性理論に基づく計算結果とよく符合し、重力波の存在を間接的に証明するものと考えられた。この功績によって、テイラーとハルスは1993年のノーベル物理学賞を受賞している。

間接的な検出ですらノーベル賞であったわけであるから、直接検出もまたまちがいなくそれに値するであろう。と言っているウチに、2017年のノーベル物理学賞が発表された。受賞者は、レイナー・ワイス、バリー・バリッシュ、キップ・ソーンの3氏で、受賞理由はまさに「レーザー干渉計LIGOを用いた重力波観測への多大なる貢献」であった。その半月後の10月半ば、LIGOと今度はVIRGO（欧州の重力波天文台）の共同チームが、中性子星合体に伴う重力波（GW170817）の検出を報告した[74]。このイベントはガンマ線でも検出され（GRB 170817A)、発生源の位置は40 Mpc彼方の楕円銀河NGC4993と特定された。この銀河の端に可視／赤外線の残光も検出されている。なんと、重力波を実際に検出するのみならず、電磁波対応天体まで観測できる時代が本当に到来してしまったのだ。

6.3 検出の意義

LIGOによる一連の重力波の検出は、一般相対性理論の正しさを検証する強力な観測事実を提供したこと以外にも、じつはいくつかの重要な科学的意義を含んでいる。

まず第一に、ブラックホール－ブラックホールの連星系の存在が初めて確認されたことである。単独の中性子星は、回転駆動型パルサーとして観測される場合がある。互いに質量降着のない中性子星－中性子星連星系の場合も同様であり、テイラーとハルスが発見したPSR B1913＋16もそれに相当する。

しかしながら、ブラックホールどうしの連星系となると、有効な電磁放射メカニズムが存在しないため、電磁波での観測は困難である。これまでLIGOが検出した重力波は、すべてブラックホール－ブラックホールの連星系が合体する際の放射であり、そのような連星系が存在していたことの厳然たる証拠であるといえる。

第二に、宇宙で最初にできた「種族Ⅲ星」の存在が確認された可能性があることである。「種族」とは星の分類の一種で、一般には種族Ⅰと種族Ⅱの2グループに分けられる。種族Ⅰの星は、ヘリウムより重い元素を多く含み、銀河系の円盤部によく見られる。一方で、種族Ⅱの星は重い元素をあまり含まず、銀河系バルジ部やハロー部に存在する。

重元素は恒星の中心における核融合反応によって合成されることを考えると、種族Ⅰは何世代も経た後の比較的若い年齢の星、種族Ⅱは銀河形成の初期に生まれた比較的古い年齢の星と考えられる。そして、「種族Ⅲ」の星とは、宇宙で最初に生まれた第一世代の星のことである。

種族Ⅲの星は、その存在が予言されてはいるが、いまだ確実な観測的証拠がない。それらは、太陽の数百倍もの質量をもち、ビッグバン直後に合成された量以上の重元素を含まないと考えられる。重元素を含む恒星の場合は、進化の後半段階で、炭素より重い原子の吸収線のため、輻射圧による質量放出が起こる。このため、5.1節でも述べたとおり、通常の恒星質量ブラックホールには約20太陽質量の上限がある。

一方で、LIGOが検出した重力波放射に関与したブラックホールの多くは、この上限を超える質量であった。これらを恒星進化の最終段階で形成するためには、恒星はきわめて重元素が少ない組成でなければならず、それはすなわち種族Ⅲの星であった可能性がある。

そして第三には、ブラックホールどうしの合体が実際に起こることが確認されたことである。たしかに、それが起きうることは理論的には予想されてはいた。しかしながら、その頻度や起きうる環境など、未知の部分があまりにも大きかったのである。実際、多くの研究者は、最初の重力波直接検出は中性子星－中性子星合体であろうと予想していた。

しかし、これまでの4（＋1）例の検出は、ほとんどがブラックホール－ブラックホール合体で生じたものであった。これはいったい何を意味するのであろうか。それはまだよくわからないのが正直なところのようだ。

それよりも、ブラックホールどうしの合体？　どこかで聞いたことがある。前章（5.2節）のリース・ダイアグラムに、その過程がハッキリと書かれてはいなかったか。LIGOが検出した重力波発生イベントは、恒星質量ブラックホールが合体をくり返して、

「中質量ブラックホール」へと成長していく様子を観測したものと言い換えることができる。これは、銀河中心核の研究においてもきわめて重要な意味を含んでいる。そう、ブラックホールは合体して成長していくのだ。

しかし、筆者がLIGOによる重力波検出の発表に動揺したのは、それが中心核超巨大ブラックホールの合体成長説を支持するから、という理由だけからではない。じつは、LIGOの発表（2015年2月12日）の約1カ月前、われわれのグループはある論文について、国立天文台と共同でプレスリリース（報道発表）をしていた。発表の題目は「天の川銀河の中で二番目に大きなブラックホールを発見」。われわれの住むこの銀河系の中心部に、中質量ブラックホールの痕跡を発見したことを報告するものであった[75]。

第7章

星間分子雲

7.1 星間物質の諸相

われわれの発見は、銀河系の中心部分にある星間分子雲中に、約10万太陽質量のブラックホールの痕跡を見いだした、というものであった[75]。その根拠とされたものは、星間雲中の分子ガスの運動（動き）である。それがいかなる運動であったのか、そして、それはどのように観測されたのかを語る前に、星間雲とは何かを解説しておかねばならない。

第1章で述べたとおり、銀河系の質量は、その九割方が暗黒物質で占められている。たかだか一割程度にすぎない「通常の物質」は、その九割が恒星の形態で存在しており、残りの一割は恒星間に拡散した「星間物質」という形態をとる。

星間物質は、気相の星間ガスと固相星間塵からなり、後者が恒星の光を吸収することはすでに述べた。銀河系内において、星間ガスと星間塵の質量比はおおむね100：1であり、両者は広域にわたって共存している。なので、以降はおもに気相の星間ガスについて解説することにする。

星間ガスの主成分は水素であり、質量比率で約70%を占める。次に高いのはヘリウムで27%ほど、以降は酸素、炭素、窒素と続く。銀河系内の星間ガスは、円盤部に集中して存在し、恒星よりもさらに薄い円盤状の分布をしている。その密度は、水素分子の数にして平均で1個/cc程度である。しかしながら、その濃淡のコントラストは大きく、10桁余りにわたる。温度もまた、6桁もの広範囲にわたる。

希薄な状態の星間ガスは、一般に温度も高く、ガスは電離したプラズマ状態にある。密度が高くなってくると、プラズマ中の正イオンと電子が結合し、電気的に中性な原子となる。さらに高密度な領域では、原子どうしが結合して、分子を形成する。この状態の星間ガスは、あたかも地球大気中の雲のような形態をとり、「星間分子雲」と呼ばれる。

ここまでくると、ガス密度もかなり高くなってくるが、水素分子数はせいぜい1千万個/cc程度である。じつは、これは地上の実験室で達成可能な高真空状態よりもさらに低い密度である。

星間物質は、分光学が天文学に応用されはじめてまもない1864年、英国のウィリアム・ハギンズによって同定された[76]。原子や分子などの多体の束縛系では、エネルギー準位が離散化[注48]され、準位間の遷移に伴って特定の周波数の電磁波は放出（吸収）される。これらの周波数は、それぞれの原子・分子に固有であり、「スペクトル線」と呼ばれる（図20）。

ハギンスは、約60個の星雲についてプリズムによる分光観測を行い、星雲と呼ばれる天体には、輝くガス雲と恒星の大集団の2種類があると結論づけた。前者はオリオン大星雲のような水素原子のスペクトル線を強く放つ天体、後者はアンドロメダ星雲のような恒星集団（銀河）と思しきスペクトルを呈するものであった。

20世紀に入ると、スペクトル線観測に基づく天体の分光学がさらに進むとともに、星間塵によって強く遮蔽された領域の存在

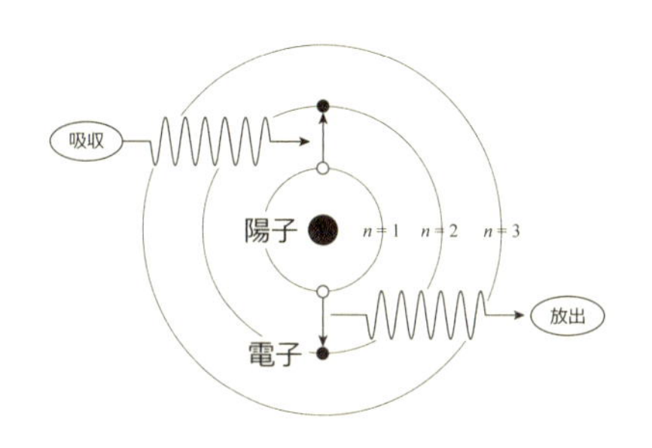

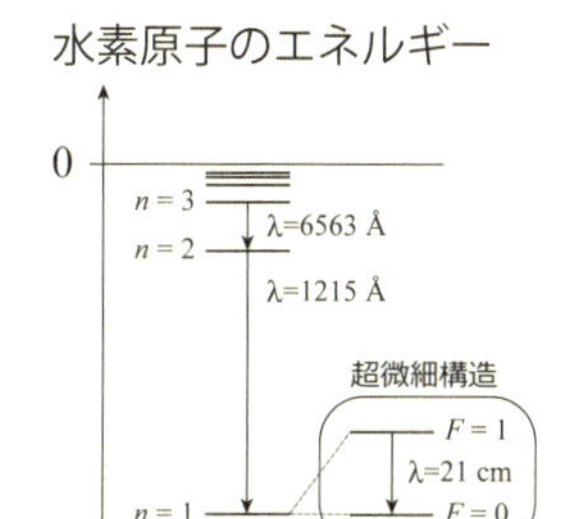

図20　水素原子スペクトル線の放射と吸収の様子。

が認識されてきた。それを「暗黒星雲」という。米国のエドワード・エマーソン・バーナードは1919年に、天の川写真の集大成を行い、このなかから182個の暗黒星雲を同定した[77]。

これらの暗黒星雲は、比較的太陽系の近くに位置する、星間物質がとくに濃密な領域と考えられる。可視域の観測では、どうしても銀河系円盤部に拡散した希薄な星間塵の影響を免れない。

1950年代に入って、星間物質研究に重要な進歩が、電波天文学からもたらされる。米国のハロルド・ユーエンとエドワード・パーセルが1951年、天の川から放射される水素原子の放つ波長21cmのスペクトル線[注49]を検出したのである[78]。このスペクトル線は、冷たいガスからも放射されるうえに、透過度が著しく高いため、銀河系全体を見渡すことができる。

注48）すべての素粒子とその複合粒子は、粒子性と波動性の両面をあわせもつ。この波の干渉性のため、束縛系では取りうる状態が離散的になる。

注49）水素原子を構成する陽子と電子のスピン配向のちがいに起因して分裂したエネルギー準位間の遷移スペクトル。

水素原子21 cmスペクトル線の検出は、即座に複数のグループによって追認され、大規模な観測がただちに開始された。1954年には、蘭国のファン・デ・フルストによって、銀河系全体の水素原子21 cmスペクトル線の地図が作成され、銀河系全体の水素原子の大局的分布が初めて明らかにされた[79]。銀河系円盤部の渦状腕構造が初めて確認されたのも、この観測による。

そして1960年代、星間空間で分子の電波スペクトル線が相次いで検出される[注50]。最初はヒドロキシラジカル（OH）、次いでアンモニア（NH_3）、水（H_2O）、ホルムアルデヒド（H_2CO）である。そして1970年には、最も重要な一酸化炭素分子（CO）115 GHzスペクトル線の検出が、米国のロバート・ウィルソン[注51]によって報告される（**図21**）[80]。

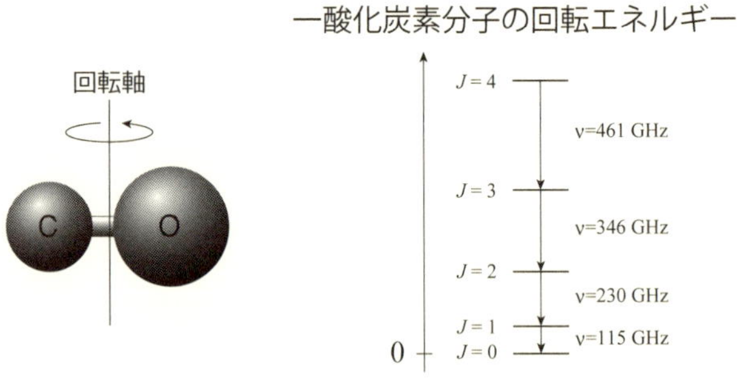

一酸化炭素分子の回転エネルギー

回転軸

C　O

$J=4$
ν=461 GHz
$J=3$
ν=346 GHz
$J=2$
ν=230 GHz
$J=1$
ν=115 GHz
0　$J=0$

図21　一酸化炭素分子の回転スペクトルの放射。

注50）最初の星間分子の発見は、電波ではなく、可視域での炭化水素（CH）分子の発見。

注51）宇宙マイクロ波背景放射を発見した功績により、同じく米国のアーノ・ペンジアスとともに1978年ノーベル物理学賞を受賞した。

これによって、分子相の星間ガスの集積体「星間分子雲」が認識された。これ以降、電波望遠鏡を用いたスペクトル線探査が精力的に進められ、数多くの星間分子が発見されることになった。発見は現在も続いているが、現時点で確認されている星間分子の総数は170種類を超えている。

1987年、米国のトーマス・デームらによって、一酸化炭素分子115 GHzスペクトル線による銀河系地図がつくられた[81]。一酸化炭素分子は、じつは希薄な星間空間においては安定であり、水素分子（H_2）に次いで存在度の高い分子であることがわかっている。加えて、水素分子は等核二原子分子であり、電気的に対称であるため、電磁放射を行いにくい。一方で、一酸化炭素分子は異核二原子分子であり、電磁放射を行いやすい。

こういう事情により、一酸化炭素分子115 GHzスペクトル線は、水素分子の代替プローブとして非常に有効であると考えられている。つまり、デームらの作成した地図は、水素分子の銀河系分布を表わすものと考えてよい。その地図によれば、分子ガスは銀河系円盤部に集中し、原子ガスの分布よりもさらに薄い円盤状の分布をする。さらに、分子ガスは原子ガスよりも強いコントラストで渦状腕に集中している。

7.2 〉星間物質の循環

銀河系内星間ガスの諸相を整理すると、**図22**のようになる。この図は、1978年にフィリップ・マイヤーズが発表した図[82]に改変を加えたもので、横軸に水素分子個数密度の対数を、縦軸にガス温度の対数をとり、その平面上で観測された星間ガスの諸相を記している。

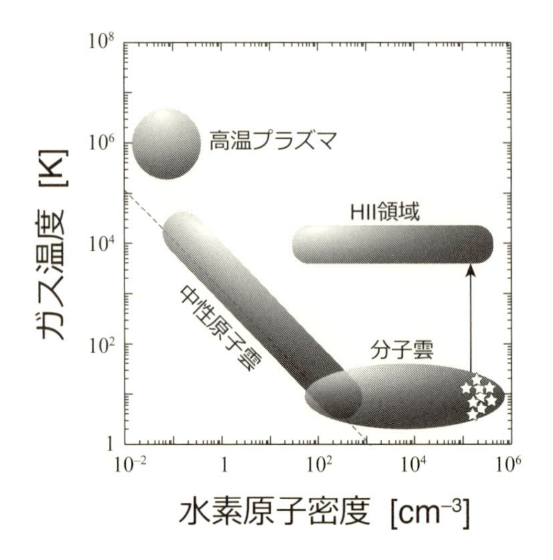

図22　星間ガスの密度-温度図。

この図からも、銀河系内に限定しても、星間ガスの物理状態がきわめて広範囲にわたることがわかる。斜めに引かれた点線は圧力一定の線を表わし、電離ガスの一部と原子雲、そして分子雲の一部がその上にあることは非常に示唆的である。これは、星間ガスの少なくない割合が、相に関係なく圧力平衡状態にあることを意味している。

圧力平衡線の左上にある高温・低密度の星間ガスは、収縮を伴いながら冷却していく。つまり、密度－温度図内では、圧力平衡線に沿って左上から右下へ移動していく。それに伴い、ガス相は、高温プラズマ相から中性原子相、そして分子相へと変化する。分子相になったところで、星間ガスは、圧力平衡線から右側へほぼ真横に離れていく。これは、分子雲では、自己重力の効果が進化に影響してくるためと考えられている。

分子雲中では、分子の回転遷移スペクトル線[注52]による冷却と、宇宙線[注53]による加熱がバランスをとって、温度はおおむね一定に保たれる。高密度になった領域は、重力的に強く束縛された状態の分子雲コアを形成する。

そして、この高密度コアは、自己重力によって収縮・分裂し、静水圧平衡が達成された原始星の形成へと至る。恒星の誕生である。原始星は準静的に収縮を続け、中心で水素の核融合反応が始まった時点で収縮が止まる。これ以後、水素燃焼により長期間安定に輝きつづける、いわゆる主系列星の時期に入る。

誕生した恒星は、その質量に応じて異なった進化をたどる。うち15太陽質量よりも重い星は、高温のため大量の紫外線を放射し、誕生とともに周囲の星間ガスを電離する。この過程によって生じるのは、温度が1万度程度の電離プラズマ相[注54]である。

これは、分子雲の一部を電離したものであるため、密度は比較的高いままである。そして、圧力平衡状態にないため、膨張し拡散していき、いずれ圧力平衡線に至ると考えられる。

恒星は、その進化の最終段階において、2とおりの経路で星間空間にガスを放出する。8太陽質量より軽い恒星は、中心の水素を使い果たした時点で赤色巨星化し、重力の束縛が弱い外層部は徐々に失われていく。失われた外層部は、星間空間に還っていき、

注52）離散的な分子の回転エネルギー状態間の遷移に伴うスペクトル線のこと。

注53）銀河系空間を、ほぼ光速で飛び交う高エネルギー粒子のこと。超新星残骸の衝撃波で加速されたものと考えられている。

注54）HⅡ領域と呼ばれる。「HⅡ」は分光学的記法で、一階電離の水素を意味する。

後には電子縮退圧で支えられた白色矮星が残る。

一方で、8太陽質量より重い星は、核融合反応の行き着く先である、鉄のコアの形成まで至る。これ以上、核反応によるエネルギー供給は望めないため、自身を支えきれず重力崩壊を起こし、急激に収縮することになる。

この際の重力ネルギー解放が、超新星爆発[注55]である。これによって、星間空間に重元素を多く含む高温プラズマが撒き散らされる。高温プラズマ相の生成である。後には中性子星またはブラックホールが残る。

このように、銀河系内の星間ガスは、恒星の時期をはさみながら、密度-温度平面を反時計回りに循環することになる。この循環は100%ではなく、一部の質量を縮退星またはブラックホールとして循環から除外しつつ進行する。

7.3 〉銀河系中心分子層

銀河における星間物質の役割は、星形成活動のみにとどまらない。銀河中心核の活動性を担う主要な燃料もまた、星間物質である。多くの銀河においては、その中心領域に数百パーセクにわたる濃密な分子ガスの集中が見られる。

銀河によっては、ここで非常に活発な星形成活動を起こしている。このような銀河を「爆発的星形成（スターバースト）銀河」という。爆発的な星形成活動は、多数の超新星爆発により星間物質を能率的に中心核へと運ぶ。これは、中心核超巨大ブラックホ

注55）このタイプはⅡ型超新星爆発と呼ばれる。水素原子スペクトル線が顕著なのが特徴である。

ールへの質量供給を促し、中心核を活性化すると考えられる。

われわれの住む銀河系の中心部も、半径約200 pcにわたる濃密かつ温かい分子ガスが集中する領域がある。これを「銀河系中心分子層[注56]」という[83]。ここに集中する分子雲は、密度・温度が高いのみならず、著しい乱流状態にあるという特徴がある。そのせいなのか、大量の高密度分子ガスがあるにもかかわらず、この領域の星形成活動はまったく活発でない。

この強い乱流状態の起源は未解明であるが、同領域では一酸化ケイ素（SiO）のような難揮発性分子[注57]の存在度が高いことなどから、多数の超新星爆発がひき起こした星間衝撃波を乱流の起源とする説が有力である。このことから、銀河系中心領域が、近い過去に爆発的星形成の時期を経験した可能性も示唆されている。

銀河系中心分子層にある星間ガス総質量は、約5千万太陽質量と見積もられている。その天球面上での分布を**図23**に示した。

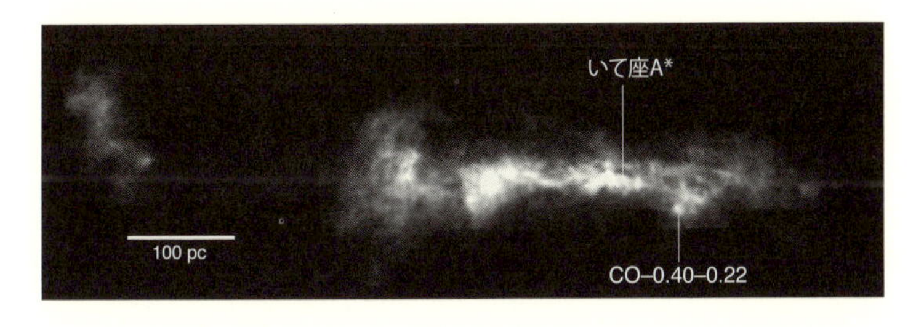

図23　銀河系中心分子層の一酸化炭素回転スペクトル線強度分布。

注56）英語で“Central Molecular Zone”、CMZと略される。銀河系中心研究で有名な米国のマーク・モーリスが呼びはじめた。

注57）一般にケイ素（Si）などの重い元素は気化しにくく、星間空間においては固相の塵粒子に固着している。これを気相に叩きだすには、紫外線や強い衝撃波などの解離性の過程が必要である。

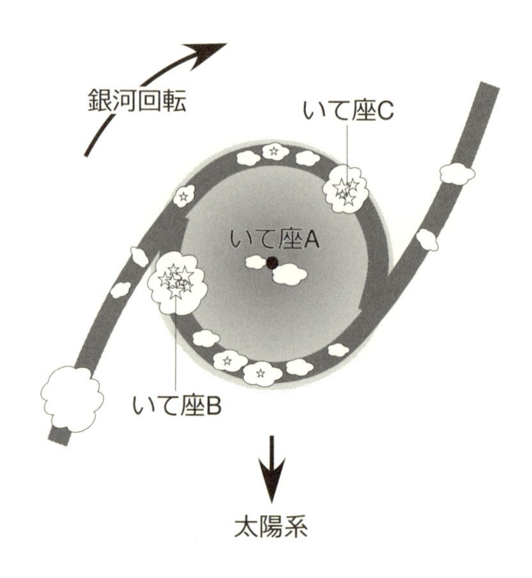

図24　分子ガス分布を銀河系北極側から見た想像図。

分子ガスは基本的に銀河面に沿っており、銀河系中心核に対してやや左側に偏って分布しているようである。これが実際にどのような3次元分布をしているのかについては、現在も熱く論争中であり、いまだ決着がついていない。

諸説のなかには、銀河系中心核Sgr A*を力学的中心に置かないモデルや、分子ガス分布の対称性を完全に放棄したモデルなどもあり、まさにカオスの状況である。**図24**には、現在のところ筆者が最も真実に近いと思っている、北極側から見た銀河系中心部の俯瞰図である。

さて、この銀河系中心分子層であるが、筆者は大学院生時代からすでに四半世紀の間、観測研究を続けている。研究を始めた当時、わが日本では、国立天文台野辺山宇宙電波観測所の開所から10年が経過したところで、さまざまな科学的成果が出つづけている時期であった。

主力装置である45 m電波望遠鏡の性能も全盛期であり、ちょうど新しいタイプの焦点面アレイ受信機[注58]が搭載された直後であった。その性能を生かして、一酸化炭素分子115 GHz回転遷移スペクトル線による銀河系中心分子層の掃天観測が、筆者の恩師である長谷川哲夫を中心に開始された。1994年のことであった。

当時、単一鏡として世界最高の性能を誇っていた45 m電波望遠鏡による高解像度イメージは、銀河系中心分子層のおそろしく複雑な空間・速度構造を明らかにした[84]。微弱な拡散成分中に浮かぶ濃密な分子雲群、無数のフィラメント構造、数多くの膨張シェル構造などである。

そして、筆者が着目したのは、銀河系中心分子層全域にわたって分布する特異な分子雲、「高速度コンパクト雲」の存在である。それらは、空間的にコンパクト（5 pc未満）であるにもかかわらず、速度幅がきわめて広い（毎秒50キロメートル以上）という特徴をもつ（**図25**）[85]。これは、活発な乱流状態にある銀河系中心分子層においても、ひときわ目立つ存在である。

このことは、雲の内部またはごく近傍に、何らかのエネルギー源があることを示唆しているが、ほとんどの高速度コンパクト雲は他波長で対応天体をもたない。これらはいったい何なのであろうか。筆者は20年以上にわたって頭を悩ませつづけていた。

注58）望遠鏡の焦点面に複数の受光素子を並べた受信機。効率的に広域の掃天観測を行うことができる。

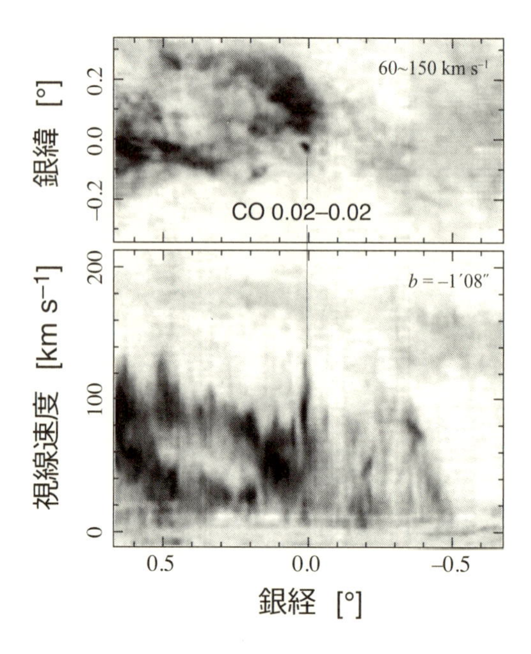

図25　高速度コンパクト雲 CO 0.02－0.02の空間構造と位置-速度構造。

第8章

野良ブラックホール

8.1 特異分子雲CO－0.40－0.22

私たちのグループが銀河系中心分子層に発見した「高速度コンパクト雲」は、確認作業が行われた当時（2008年）で84個にのぼる[注59][86]。このような雲は、銀河系中心分子層以外にはまったく見られない。超新星残骸と衝突した分子雲中で局所的に見られることもあるが、銀河系中心分子層の高速度コンパクト雲と比較すると、運動エネルギーの規模が2桁近く低い。

銀河系中心分子層については、これまで数多くの分子スペクトル線観測が行われてきたが、いて座A*のごく近傍を除けば、このような高速度雲の報告例は皆無である。先人たちはこれらに気づかなかったのか、気づいたもののよくわからないので流したのか。後者だとしても、その気持ちはわからなくもない。私たちも長い間、何が何だかまったくわからなかったのだから。

私たちの発見した高速度コンパクト雲のなかで、ひときわ目を引くものが、いて座A*の南西約0.4度の位置にあるCO－0.40－0.22であった（**図26**）[87]。これは、その3pc程度のコンパクトな形態と異常な高温・高密度、そして毎秒90キロメートルを超

注59）最新の観測結果によって、その数は200個ほどに増えている。

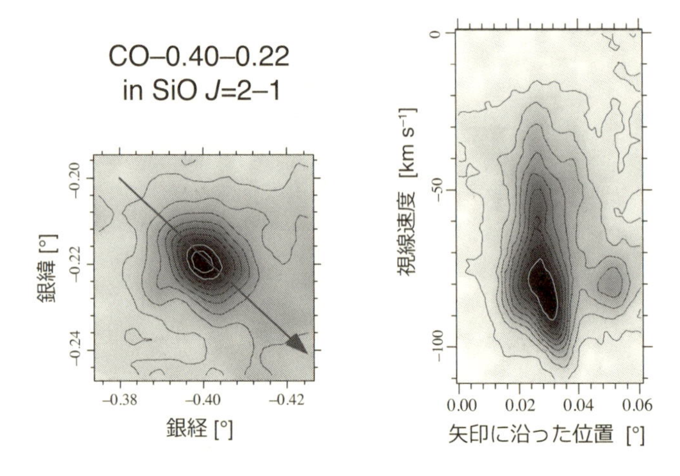

図26　CO－0.40－0.22の空間構造と位置-速度構造。

える速度幅で特徴づけられる異常な分子雲であった。

この速度幅を温度に換算すると数千万Kにもなり、分子が解離されずに存在しているところを見ると、これはありえない。実際、回転エネルギー準位の励起状態から評価される、この雲のガス温度は、高温とはいえせいぜい100 K程度である。とすると、音速は毎秒300 m程度であり、観測された速度幅はマッハ数[注60]にして300にもなる。

他の多くの高速度コンパクト雲と同様、このCO－0.40－0.22も他波長の対応天体をもたない。発見後、ただちに詳細な追観測が行われ、この雲が楕円状の形態を有することと、衝撃波起源の分子を豊富に含むこと、そして楕円の長軸に沿って急峻な速度勾

注60）速度を媒質の音速単位で表わしたもの。

配を呈することが明らかになった。

これらの観測事実が意味するものはいったい何であろうか。異常な速度幅とコンパクトな空間サイズは、この雲が膨大な運動エネルギーを有するとともに、数万年という短い時間スケールで変化しうることを意味している。一方で、赤外線やX線の対応天体が見られないことは、雲内部にエネルギーを注入する天体が不在であることを意味する。つまり、大質量星の集団や超新星残骸、またはX線連星系などの既知の高エネルギー天体が原因ではなさそうである。

それでは、異常な高温・高密度状態と衝撃波の起源は？　自らエネルギーを放出することなく、周囲のガスに運動エネルギーを与えうるものは？

8.2 中質量ブラックホール？

私たちは、問題のCO－0.40－0.22の姿を眺めながら数年間悩み続けていたが、2011年の秋に一つの転機があった。独国のハイデルベルクで開催された国際会議に招待された筆者は、いつものようにCO－0.40－0.22を含む高速度コンパクト雲の講演をして、例のごとく聴衆をポカンとさせたわけであるが、会場にいた銀中研究の権威、ユセフ・ザデー御大が次のような質問をよこしてきた。「それらは重力散乱[注61]によるものではないのか？」。これには返答に窮した。

私たちも、CO－0.40－0.22の運動が小さな重力源のまわりの回転運動で説明できないか検討したことがあったが、必要な重力

注61）御大は“gravitational kick”という語句を使った。

源の質量が莫大であったことと、回転運動の場合に現われる対称的な構造が観測結果と相容れないため、これに深入りしなかった。過渡的な現象である散乱過程は、考えてもみなかったのである。

なるほど、散乱過程であれば、対称である必要はない。ユセフ・ザデー御大は重力源については何も考えていないようであったので、筆者は会場でコソコソ計算してみた。重力散乱でCO－0.40－0.22の空間サイズと速度幅を説明するには、どうやら回転の場合と同様に巨大な重力源が必要のようだ。その質量は、約10万太陽質量と概算された。

独から帰国後、筆者は重力散乱モデルについて真面目に検討を始めた。具体的には、重力源に散乱される質点の軌道をあらゆるパラメータで計算し、質点の集合体が観測結果を再現するパラメータ組を捜索する作業である。

CO－0.40－0.22の中心に10万太陽質量の質点を置き、入射させる雲の初速度ベクトルと軌道面角度を変化させながら数限りないシミュレーションを行った結果、とあるパラメータ組で観測された雲の空間・速度構造を再現することができた（**図27**）。急峻な速度勾配を説明するためには、重力源の空間サイズは0.1 pc以下の半径でなければならないこともわかった。ということは、重力源となる天体の質量密度は1立方パーセクあたり2千万太陽質量以上でなければならない。

このような大質量かつ高密度な天体として、まず考えられるのは球状星団である。たとえば、最も高密度な球状星団M15中心部では、1立方パーセクあたり1千万太陽質量程度の質量密度をもつ。しかしながら、M15の場合、その高密度領域のサイズがきわめて小さく、中心から半径0.05 pc以内に含まれる質量は3400太陽質量にすぎない。つまり、CO－0.40－0.22中心にあ

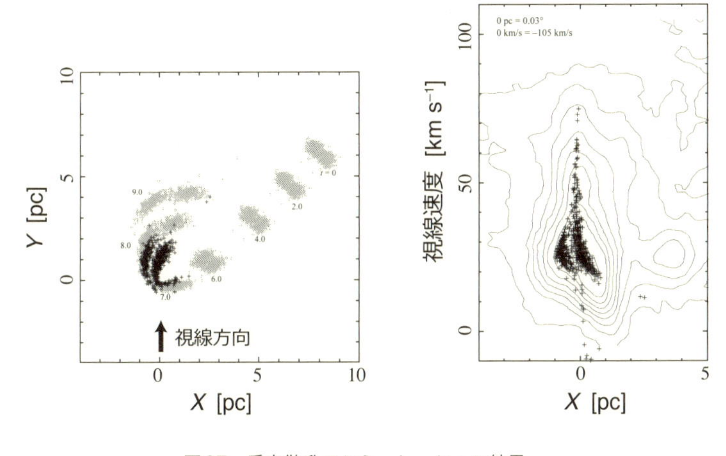

図27　重力散乱のシミュレーション結果。

ると考えられる重力源は、球状星団ではなさそうである。

とすると、コレはひょっとして…？　筆者は、この特異分子雲の中心に、約10万太陽質量のブラックホールがある可能性を真剣に考えはじめた。

手はじめに、国内の学会で「銀河系中心核から60 pcほど離れた位置に、10万太陽質量のブラックホールがある可能性」を指摘する講演をしてみた。聴衆の反応は、筆者がこれまでに経験したことのないものだった。一部の強烈な否定的反応と、大半の呆れたような反応、そして、一部のきわめて好意的な反応。

その後、二度の国際会議でも同じ内容の講演をしてみた。こちらの聴衆の反応も、国内学会のそれと似たようなものであったが、やや好意的反応が多いように見受けられた。否定的反応の多くは根拠のない感情的なものであったが、対応天体の不在を懸念する理性的なものもあった。それも当然である。これまで一般にブラックホール候補天体として認識されていたものは、すべて質量降着に伴う重力エネルギー解放により、眩く輝く天体であったのだから。

私たちは、並行して、アタカマ大型ミリ波サブミリ波望遠鏡（ALMA）を使用して、CO－0.40－0.22の詳細観測も進めていた。観測提案が受理されたのは2012年秋であったが、実際に観測が行われたのは2014～2015年、データが配布されたのは2015年の春である。

そのころは、ちょうど「中質量ブラックホール存在の可能性を指摘」した私たちの論文[75]が、しかるべき学術雑誌に投稿されて、審査の真っ最中であった。2名の審査員の意見もみごとに二手に分かれていた。私たちは、批判的なほうの審査員を懇切丁寧に説得し、論文は同年の12月に無事受理された。ALMAデータの解析が終了したのも、そのころである。

苦労して作成した電波イメージでは、観測視野内でただ一つの微弱な点状電波源が、CO－0.40－0.22の中心付近に検出されていた（**図28**）。われわれの住む銀河系のなかに、しかも中心核の

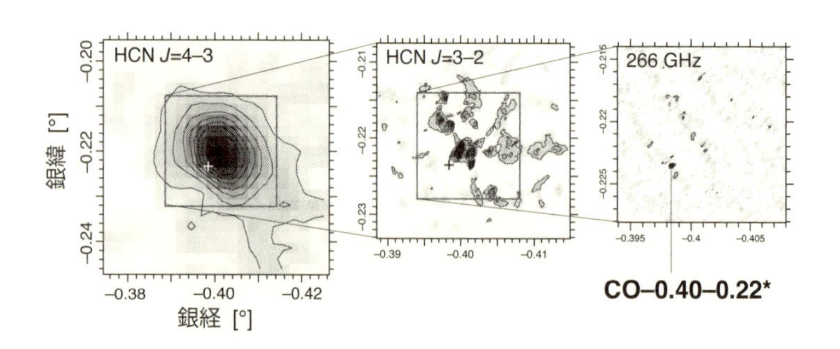

図28　CO－0.40－0.22中心部の拡大図と266 GHz電波連続波イメージ。

いて座A*からさほど離れていない位置に、ついに中質量ブラックホールの候補天体が見つかったのである。

8.3 野良ブラックホール

天の川銀河内での中質量ブラックホール候補天体の発見は、きわめてセンセーショナルなものであった。その論文は、英国の科学雑誌『*Nature Astronomy*』から出版され[88]、しかも『*Nature*』本家のウェブページで「Research Highlights」にもあげられた。お陰で、筆者は少しだけ有名になった。

となると、CO－0.40－0.22以外の高速度コンパクト雲についても、「暗い」ブラックホールによる重力散乱で形成された可能性が考えられる。実際、いて座A*の両側10 pcほど離れた位置に、非常に小さな高速度コンパクト雲が2つ見つかっている[89]（**図29**）。これらについても、重力散乱の考えが適用できそうである。これらは、雲の大きさが非常に小さく、空間構造がまったく見られない一方で、やはり毎秒100キロメートル程度の速度幅が特徴的である。

この場合は、静穏な分子雲に点状重力源が高速で突っ込んできたとする「突入モデル」が、非常によく観測結果を説明する。統計的平衡に基づいた突入速度の評価と運動量保存の議論から、突入した点状重力源の質量は、それぞれ最低でも5太陽質量、9太陽質量であることがわかった。明確な対応天体が見られないことからも、これらの突入天体は、自ら光り輝くことのないブラックホールと考えるのが自然である。

ところで、私たちは、暗い単独のブラックホールを「野良ブラックホール」と呼んでいる。これは、これまで恒星質量ブラック

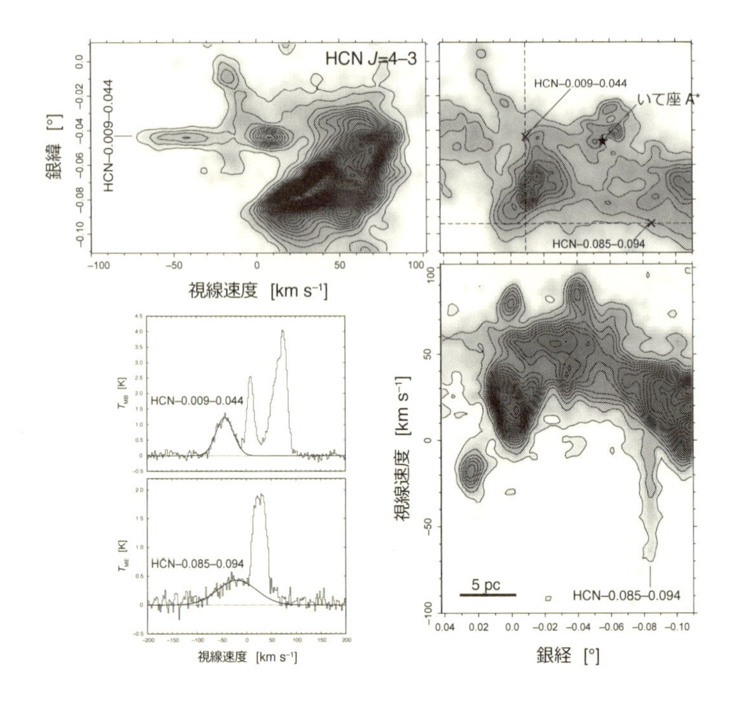

図29　いて座A*そばに発見された2つの野良ブラックホール候補。

ホールの候補天体と認識されたものはすべて近接連星系であり、伴星からのふんだんな質量降着により強烈なX線を放つ天体であることに対比して付けられた名称であった。ヒモでつながれていない、餌ももらえない寂しい存在である。

ところが、この野良ブラックホール、迷惑（?）なことにかなり数が多いようだ。30太陽質量よりも重い恒星がすべてその生涯を終えた後にブラックホールを残すならば、総計2千億から4千億の恒星を含む銀河系は大量の恒星質量ブラックホールも含んでいるハズである。理論計算によれば、銀河系内にある恒星質量ブラックホールの数は1～10億個と評価されている。

一方で、X線天体として認識される恒星質量ブラックホール候補天体の数は、銀河系内で現在のところ60個ほどにすぎない。つまり、銀河系内にあるブラックホールの大多数は、伴星をもたずに単独で浮遊する、野良ブラックホールなのである。

銀河系内の野良ブラックホールは、銀河系中心分子層のみならず、銀河系全体に拡散して分布しているはずである。その銀河系の形成初期に誕生したハロー部起源のブラックホールは、毎秒200キロメートル程度の速度で飛び交っていると考えられる。それらは、円盤部に豊富にある星間ガスと相互作用し、そこに何らかの痕跡を残すにちがいない。

そのような天体を、じつは私たちはすでに2013年に発見していた。それは、超新星残骸W44に隣接する分子雲内にあった[90]。超新星残骸の膨張に伴う分子ガスの運動を丹念に調べていた一人の大学院生が、異常な速度の分子ガス成分を発見したのである。最初、筆者は、解析のまちがいだろうと思って取り合わず、解析のやり直しを命じた。数日後、その学生が報告に来た。「やっぱり出るんですけど…」と。

「Bullet（弾丸）」と名づけられたその成分は、きわめてコンパクトなサイズと毎秒120キロメートルもの速度幅を有していた（**図30**）。その後、詳細な追観測を行い、この「弾丸」もまた、30太陽質量程度の野良ブラックホールが分子雲に高速突入したことで形成されたものと結論づけられた[91]。

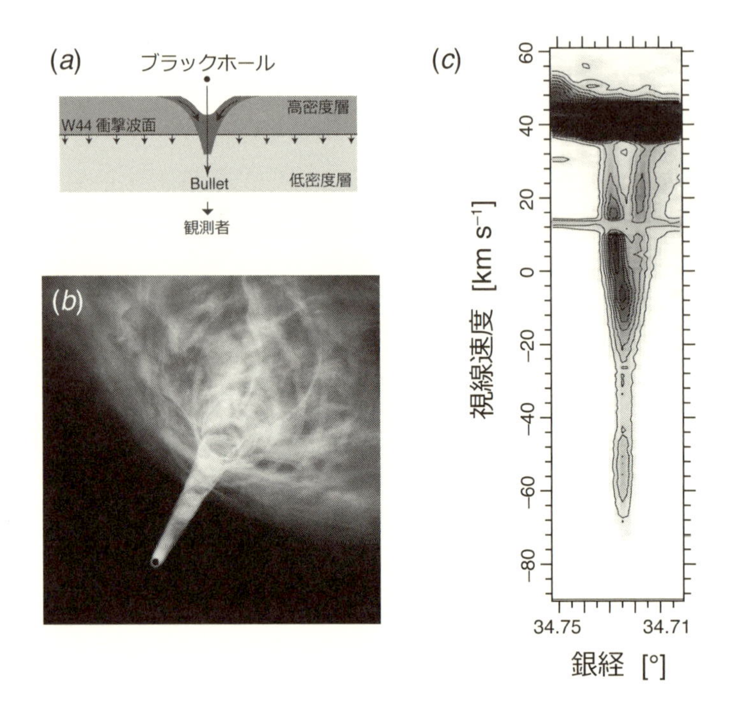

図30　超新星W44の膨張殻状に発見された「弾丸」の模式図（左）と、位置-速度図（右）。

8.4 今後の展望

解説してきたように、ブラックホール研究は、今まさに劇的な変革の時期を迎えている。LIGOによる重力波の検出によって、ブラックホールが実際に合体するということが証明された。その行き着く先は、中質量ブラックホールであり、そしてさらに先には、銀河中心超巨大ブラックホールがある。

銀河系中心部での中質量ブラックホール候補天体の発見は、このブラックホール進化の道筋で失われていた部分をつなぎ、全容を完成させるものであった。加えて、相次ぐ野良ブラックホール候補天体の検出は、はくちょう座X-1の検出以来、皆の頭にある「ブラックホールはX線天体」という固定観念を覆すものである。

観測可能なブラックホール候補天体が増えることは、現代物理学にとっても朗報である。とりわけ、一般相対論の検証という意味では、その実験場所が増えることになるのだから、筆者たちのグループは感謝されて然るべきであろう。ひょっとすると、想像すらしていなかった、まったく新しい物理が見えてくるかもしれない。今後の研究の展開が非常に楽しみである。

あとがき

非常に駆け足になってしまったが、本書では、銀河中心研究の歴史から最新の成果まで、ひととおり何とか書き終えたつもりでいる。人類最古の学問といわれる天文学であるが、他の自然科学と同様、ここ100年の発展は目覚ましく、とくに最近の展開はついていくのが大変である。天体現象を理解するためには、量子力学や一般相対論といった現代物理学の知識が必須となっており、これがなかなか最初はとっつきにくい。本書では、そのような専門的知識を前提としなくても読み進められるよう、できるだけ平易に解説したつもりである。我ながら読みやすいとはいえない文章に最後までお付き合いくださった皆さんには深く感謝申し上げます。

古代バビロニアやエジプト、インド、中国などの農業国家において、農耕のため季節を知る必要から発展した天文学は、中世以降は占星術、航海術と結びついて発達した。そして近世では、経験的自然科学の一分野、とくに物理学の一分野としてみなされる向きが強い。天体現象では、地球上では実現がとうてい不可能な状況がふつうに実現されており、現代物理学の重要な検証の場を提供するものである。重力波などはその最たるものであって、その検出のインパクトはすさまじく、ここ100年のうちで格段に突出した事件である。多少面倒なこともあるが、この時代に生きていて本当によかったと思う。

本書のテーマである銀河中心超巨大ブラックホールについては、存在が認識されてからまだ50年ほどしか経過していない。それらの起源については、まあいろいろ言われてきてはいたが、今ようやく大筋は見えてきたようである。ブラックホールには大中小あり、どうやら合体成長していくのだ。こうしている今このときも、続々と新しい観測事実が明らかになってきており、筆者はそれが楽しくて仕方がない。この楽しさは純粋に知的好奇心から生じるものであり、本書を通じてそれを少しでも読者の皆さんに共有していただけたならば幸甚に思う。

冷静に考えれば、詰まるところ現代天文学の立ち位置とは、そのようなものかもしれない。夜に星空を見上げて宇宙に思いを馳せた経験が、誰しも一度はあるにちがいない。私たち天文学者は、巨額の税金を投入して建設された装置を用いて観測を行ない、何かおもしろげなモノを発見しては「こんなもの見つけたんですよ」と皆さんにお知らせする。それを多くの人に楽しんでいただければ、そのたびに世の中が少しだけ平和になることを信じて…。

本書を出版するにあたっては、慶應義塾大学出版会の浦山毅さんにご尽力いただき、最初から最後までたいへんご迷惑をおかけした。この場をお借りして、深い感謝と心よりお詫びを申し上げたい。本編にも登場した大学院生の竹川俊也君には、第3章執筆に際する資料作成に多大なご協力をいただいた。他にも、本書で紹介した研究を助けてくれた共同研究者の方々など、多くの方にお世話になった。ここに御礼を申し上げる。

本書を、これまで筆者を支えてくれた両親と、今も筆者を支えてくれる妻に捧げる。

2017年11月

岡　朋治

参考文献

[1] Becklin, E. E., Neugebauer, G.: *Astrophys. J.*, **151**, 145 (1968)
[2] Jansky, K. G.: *Popular Astronomy*, **41**, 548 (1933)
[3] Reber, G.: *Astrophys. J.*, **100**, 279 (1944)
[4] Ryle, M., Smith, F. G., Elsmore, B.: *Mon. Not. R. Ast. Soc.*, **110**, 508 (1950)
[5] Downes, D., Maxwell, A.: *Nature*, **208**, 1189 (1965)
[6] Yusef-Zadeh, F., Morris, M., Chance, D.: *Nature*, **310**, 557 (1984)
[7] Balick, B., Brown, R. L.: *Astrophys. J.*, **194**, 265 (1974)
[8] Ghez, A. M., *et al.*: *Astrophys. J.*, **689**, 1044 (2008)
[9] Gillessen, S., *et al.*: *Astrophys. J.*, **692**, 1075 (2009)
[10] Miyazaki, A., Tsutsumi, T., Tsuboi, M.: *Astrophys. J.*, **611**, 97 (2004)
[11] Doeleman, S. S., *et al.*: *Nature*, **455**, 78 (2008)
[12] Matthews, T. A., Bolton, J. G., Greenstein, J. L., Münch, G., Sandage, A. R.: *Sky and Telescope*, **21**, 148 (1961)
[13] Schmidt, M.: *Nature*, **197**, 1040 (1963)
[14] Hubble, E.: *Proc. Natn. Acad. Sci. U.S.A.*, **15**, 168 (1929)
[15] Seyfert, C. K.: *Astrophys. J.*, **97**, 28 (1943)
[16] Feain I. J. *et al.*: *in* Galaxies in the Local Volume, Astrophys. Space Sci. Proc. (Springer, Dordrecht), 278 (2008)
[17] Schmitt, J. L.: *Nature*, **218**, 663 (1968)
[18] Oke, J. B., Gunn, J. E.: *Astrophys. J.*, **189**, 5 (1974)
[19] Salpeter, E. E.: *Astrophys. J.*, **140**, 796 (1964)
[20] Zel'dovich, Ya. B.: *Soviet Physics Doklady*, **9**, 195 (1964)
[21] Lynden-Bell, D.: *Nature*, **223**, 690 (1969)
[22] Shakura, N. I.: *Soviet Astronomy*, **16**, 756 (1973)
[23] Heckman, T. M.: *Astron. Astrophys.*, **87**, 152 (1980)
[24] Muller, A. S., *et al.*: *Mon. Not. R. Ast. Soc.*, **413**, 149 (2011)
[25] Menezes, R. B., Steiner, J. E., Ricci, T. V.: *Astrophys. J.*, **762**, 29 (2013)
[26] Kormendy, J., Bender, R.: *Astrophys. J.*, **522**, 772 (1999)
[27] Kormendy, J., Richstone, D.: *Ann. Rev. Astron. Astrophys.*, **33** 581 (1995)
[28] Shlosman, I., Begelman, M. C., Frank, J.: *Nature*, **345**, 679 (1990)
[29] 谷口義明： 天文月報, 第 109 巻, 第 5 号, 339 (2016)
[30] Gillessen, S., *et al.*: *Nature*, **481**, 51 (2012)
[31] Gillessen, S., *et al.*: *Astrophys. J.*, **763**, 78 (2013)
[32] Phifer, K., *et al.*: *Astrophys. J. Lett.*, **773**, 13 (2013)

[33] Gillessen, S., *et al.*: *Astrophys. J.*, **774**, 44 (2013)
[34] Degenaar, N. M., *et al.*: The Astronomer's Telegram, #5006, #5008, #5011, #5016 (2013)
[35] Kennea, J. A., *et al.*: *Astrophys. J. Lett.*, **770**, 24 (2013)
[36] Mori, K., *et al.*: *Astrophys. J. Lett.*, **770**, 23 (2013)
[37] Eckert, A., *et al.*: *Astron. Astrophys.*, **551**, 18 (2013)
[38] Ghez, A., *et al.*: The Astronomer's Telegram, #6110 (2014)
[39] Pfuhl, O., *et al.*: *Astrophys. J.*, **798**, 111 (2015)
[40] Takekawa, S., *et al.*: *Astrophys. J. Suppl.*, **214**, 2 (2014)
[41] Witzel, G., *et al.*: *Astrophys. J. Lett.*, **796**, 8 (2014)
[42] Michell, J.: *Philosophical Transactions of the Royal Society*, **74**, 35 (1784)
[43] Laplace, P. S.: in Exposition du Système du Monde, Part 11 (1796) (English translation by Rev. H. Harte, 1830).
[44] Chandrasekhar, S.: *Astrophys. J.*, **74**, 81 (1931)
[45] Oppenheimer, J. R., Volkoff, G. M.: *Phys. Rev.*, **55**, 374 (1939)
[46] Hawking, S. W.: *Comm. Math. Phys.*, **43**, 199 (1975)
[47] Hoyle, F., Lyttleton, R. A.: *Proceedings of the Cambridge Philosophical Society*, **35**, 405 (1939)
[48] Bondi, H., Hoyle, F.: *Mon. Not. R. Ast. Soc.*, **104**, 273 (1944)
[49] Bondi, H.: *Mon. Not. R. Ast. Soc.*, **112**, 195 (1952)
[50] Ichimaru, S.: *Astrophys. J.*, **224**, 198 (1978)
[51] Narayan, R., Yi, I.: *Astrophys. J. Lett.*, **428**, 13 (1994)
[52] Crowther, P. A., *et al.*: *Mon. Not. R. Ast. Soc.*, **408**, 731 (2010)
[53] Orosz, J. A. *et al.*: *Nature*, **449**, 872 (2007)
[54] Corral-Santana, J. M., *et al.*: *Astron. Astrophys.*, **587**, A61 (2016)
[55] Bowyer, S., Byram, E. T., Chubb, T. A., Friedman, H.: *Science*, **147**, 394 (1965)
[56] Agol, E., Kamionkowski, M.: *Mon. Not. R. Ast. Soc.*, **334**, 553 (2002)
[57] McConnell, N. J., *et al.*: *Nature*, **480**, 215 (2011)
[58] Rees, M. J.: *Ann. Rev. Astron. Astrophys.*, **22**, 471 (1984)
[59] Magorrian, J. *et al.*: *Astron. J.*, **115**, 2285 (1998)
[60] Marconi, A., Hunt, L. K.: *Astrophys. J. Lett.*, **589**, 21 (2003)
[61] Fabbiano, G.: *Ann. Rev. Astron. Astrophys.*, **44**, 323 (2006)
[62] Matsumoto, H., *et al.*: *Astrophys. J. Lett.*, **547**, 25 (2001)
[63] Matsushita, S., *et al.*: *Astrophys. J. Lett.*, **545**, 107 (2000)
[64] Ebisuzaki, T., *et al.*: *Astrophys. J. Lett.*, **562**, 19 (2001)
[65] Gerssen, J., *et al.*: *Astron. J.*, **124**, 3270 (2002)
[66] Noyola, E., Gebhardt, K., Bergmann, M.: *Astrophys. J.*, **676**, 1008 (2008)
[67] Gebhardt, K., Rich, R. M., Ho, L. C.: *Astrophys. J. Lett.*, **578**, 41 (2002)

[68] Schödel, R., Eckart, A., Iserlohe, C., Genzel, R., Ott, T.: *Astrophys. J. Lett.*, **625**, 111 (2005)
[69] Abbott, B. P., *et al.* (LIGO Scientific Collaboration and Virgo Collaboration): *Phys. Rev. Lett.*, **116**, 061102 (2016)
[70] Abbott, B. P., *et al.* (LIGO Scientific Collaboration and Virgo Collaboration): *Phys. Rev. Lett.*, **116**, 241103 (2016)
[71] Abbott, B. P., *et al.* (LIGO Scientific Collaboration and Virgo Collaboration): *Phys. Rev. Lett.*, **118**, 221101 (2017)
[72] Hulse, R. A., Taylor, J. H.: *Astrophys. J. Lett.*, **195**, 51 (1975)
[73] Taylor, J. H., Weisberg, J. M.: *Astrophys. J.*, **253**, 908 (1982)
[74] Abbott, B. P., *et al.* (LIGO Scientific Collaboration and Virgo Collaboration): *Phys. Rev. Lett.*, **119**, 161101 (2017)
[75] Oka, T., Mizuno, R., Miura, K., Takekawa, S.: *Astrophys. J. Lett.*, **816**, 7 (2016)
[76] Huggins, W., Miller, W. A.: *Philosophical Transactions of the Royal Society of London*, **154**, 437-444 (1864)
[77] Barnard, E. E.: *Astrophys. J.*, **49**, 1 (1919)
[78] Ewen, H. I., Purcell, E. M.: *Nature*, **168**, 356 (1951)
[79] van de Hulst, H. C., Muller, C. A., Oort, J. H.: *Bulletin of the Astronomical Institutes of the Netherlands*, **12**, 117 (1954)
[80] Wilson, R. W., Jefferts, K. B., Penzias, A. A.: *Astrophys. J. Lett.*, **161**, 43 (1970)
[81] Dame, T. M., *et al.*: *Astrophys. J.*, **322**, 706 (1987)
[82] Myers, P. C.: *Astrophys. J.*, **225**, 380 (1978)
[83] Morris, M., Serabyn, E.: *Ann. Rev. Astron. Astrophys.*, **34**, 645 (1996)
[84] Oka, T., Hasegawa, T., Sato, F., Tsuboi, M., Miyazaki, A.: *Astrophys. J. Suppl.*, **118**, 455 (1998)
[85] Oka, T., White, G. J., Hasegawa, T., Sato, F., Tsuboi, M., Miyazaki, A.: *Astrophys. J.*, **515**, 249 (1999)
[86] Nagai, M. 2008, Ph.D Thesis, the University of Tokyo
[87] Tanaka, K., Oka, T., Matsumura, S., Nagai, M., Kamegai, K.: *Astrophys. J.*, **783**, 62 (2014)
[88] Oka, T., Tsujimoto, S., Iwata, Y., Nomura, M., Takekawa, Sh.: *Nature Astronomy*, **1**, 709 (2017)
[89] Takekawa, S., Oka, T., Iwata, Y., Tokuyama, S., Nomura, M.: *Astrophysical J. Lett.*, **843**, 11 (2017)
[90] Sashida, T., *et al.*: *Astrophys. J.*, **774**, 10 (2013)
[91] Yamada, M., *et al.*: *Astrophysical J. Lett.*, **834**, 3 (2017)

【た行】

【な行】

【著者紹介】

岡　朋治（おか・ともはる）

慶應義塾大学理工学部物理学科教授。
1968年福岡県田川市出身。東京大学理学部天文学科卒。東京大学大学院理学系研究科天文学専攻博士課程修了。理化学研究所基礎科学特別研究員、東京大学大学院理学系研究科物理学専攻助手、慶應義塾大学理工学部物理学科准教授を経て、2015年度より現職。

銀河の中心に潜むもの
ブラックホールと重力波の謎にいどむ

2018年1月30日　初版第1刷発行

著　者――――岡　朋治
発行者――――古屋正博
発行所――――慶應義塾大学出版会株式会社
〒108-8346　東京都港区三田2-19-30
TEL〔編集部〕03-3451-0931
〔営業部〕03-3451-3584〈ご注文〉
〔　〃　〕03-3451-6926
FAX〔営業部〕03-3451-3122
振替　00190-8-155497
http://www.keio-up.co.jp/

本文組版・装丁――辻　聡
印刷・製本―――中央精版印刷株式会社
カバー印刷―――株式会社太平印刷社

Printed in Japan　ISBN 978-4-7664-2492-8